JN257718

包丁入門

研ぎと砥石の基本がわかる

加島　健一

柴田書店

はじめに

２枚におろしたサワラを切り身にするときは、なんとももやっかいです。本来、サワラとは身の柔らかい魚ですから、刃の薄い柳刃包丁等でおろすのが鉄則です。まず、柳刃包丁でサワラを２枚におろします。そして、その流れで切り身にするのですが、骨付きの身は皮目からスーッと包丁を入れていきます。刺身をひくときと同じように、繊維をつぶさずに、そして、切り口に“ツヤ”が出るように…。すると、突然、柳刃包丁は骨にたどりつきます。そこでそのまま“ドンッ”と骨をたたき割る。

そんな事を何回も繰り返していると、キンキンに研いだ柳刃包丁も、骨に負けて、ボロボロに刃がこぼれてしまいます。かといって、刃をつけずにサワラを切ると、切り口がシャキンとしない。やっぱり切り身は切り口の“ツヤ”が命です。

さてどうしよう。出刃包丁で切ってみるか、相出刃包丁で切ってみるか、骨切り包丁で切ってみるか…。いろんな包丁で試してみましたが、美しい切り口は、やっぱり柳刃包丁にかぎります。

よく切れて刃こぼれしない、さらに欲を出して、長切れする包丁の研ぎ方ってないものか…。そんな途方もない事を考えて、私は研ぎの世界に足を踏み入れたのです。

包丁を使う事を職業にしている方は、悲しいかな、一生“研ぎ”と付き合っていかないといけません。どうせ研ぐのなら、最低限の知識は身につけておきたいものですね。

“研ぎ”とは、とても奥の深いものです。私はこんな本を書かせてもらっていますが、まだまだ研ぎに関しては勉強中であります。この本では、なるべくわかりやすく書いたつもりですが、なかには文章では現しきれない感覚的な作業もあり、文章を書く事に慣れていない私にとっては、とても大変でした（私の意図する事が伝わっているのか、それが心配です）。

しかし、この本を読んでいただくと、研ぎの大まかな基本はわかっていただけると思います。そして、みなさんの日々の“研ぎ”に、少しでも役に立てたなら私はとてもうれしく思います。

2015年1月　　加島　健一

包丁入門　研ぎと砥石の基本がわかる◎目次

装丁・レイアウト●阿部泰治+ペンシルハウス
撮影●加島健一
イラスト・DTP組版●高村美千子
編集●佐藤順子

本書を読む前に

●ことわりがない限り、本書では片刃の和包丁に関する解説をしています。

●本書において「包丁」と呼んでいるのは、片刃の和包丁のことです。牛刀などの両刃の包丁は「洋包丁」と表記しています。

●本文中のイラストは理解しやすいようデフォルメしてある場合があります。

第1章
包丁の知識

【包丁の名称】

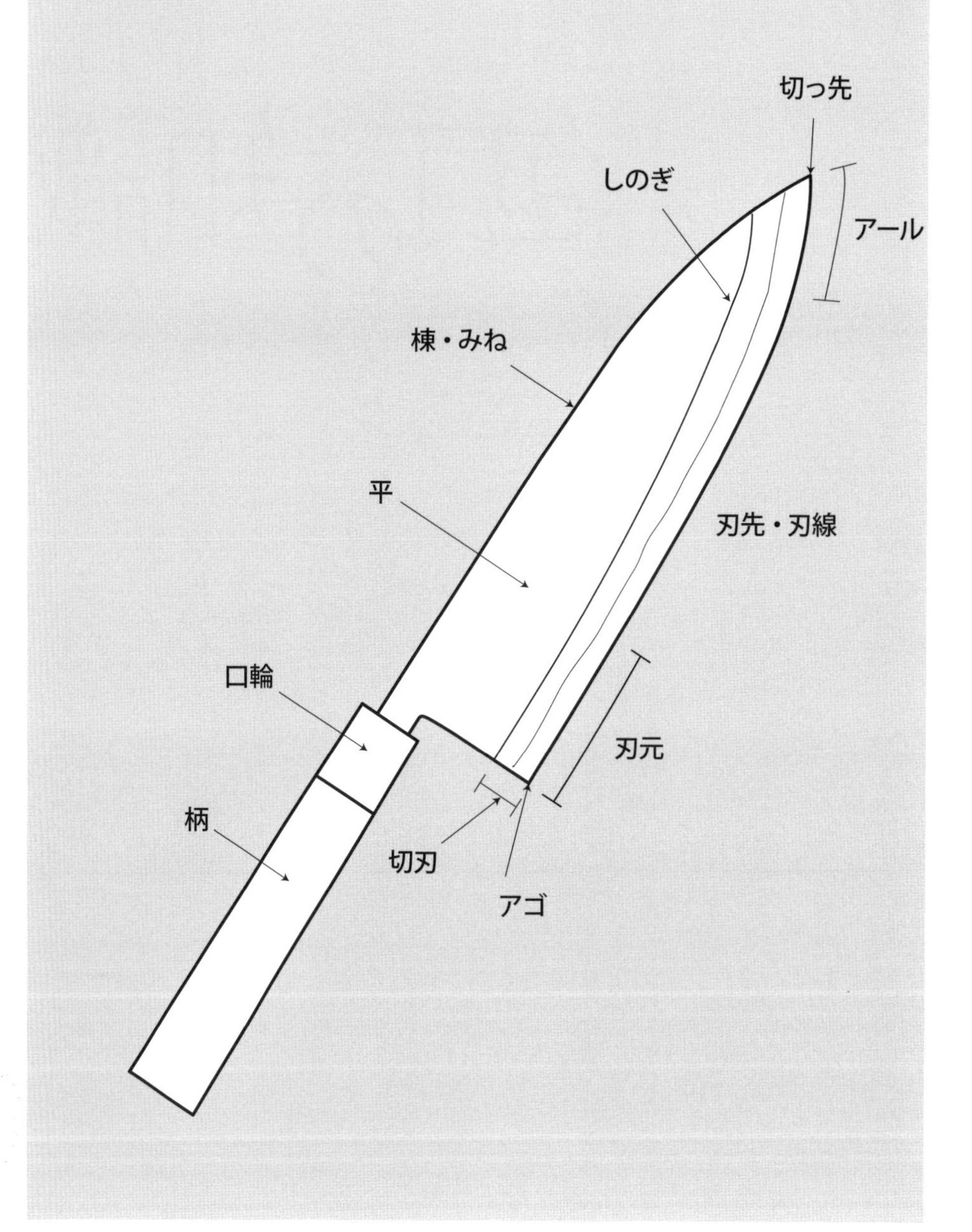

包丁と砥石

まず包丁の値段の話から始めましょう。一般的に家庭用の包丁は数千円で手に入れる事ができます。しかしプロが使う包丁ともなれば(種類や鋼材などによってもまちまちですが)、1万円くらいから２万円、十何万円というものもあれば、何十万円というものもあります。

一方、砥石はというと、人造砥石なら数千円でどんなものでもほぼ手に入れる事ができます。ですので、包丁は大切にするけど、砥石は安かったら別になんでもいいと、つい思ってしまいがちです(私がそうでした)。

しかし、研ぎの事を勉強するにつれ、それは違うんだと私は実感しました。“包丁と砥石は夫婦なのだ”と。妻が家をしっかり守ってくれるからこそ、夫がいい働きができるように(考えが古いかもしれませんが…)、いい砥石があるからこそ包丁もいい働きができるのだ、と。

つまり、どんないい包丁も、切れ味は砥石しだいなのですね。

片刃と両刃

包丁には大きく二つに分けて片刃と両刃(もろ刃ともいいます)があります。

次頁下の図❶のような形をした包丁は片刃といいます。そして、和包丁はほとんど皆この形をしています。

牛刀などの洋包丁は❷のような形をしています。これを両刃といいます。

片刃の包丁は切れ味がとてもよいのが特徴で、おもに、和食、魚屋などで使われています。

話は少しそれますが、一般的に、洋食は“味の足し算”、和食は“味の引き算”といわれています。どういうことかといいますと、洋食はうまみを追求するために、いろいろな素材を組み合わせたり、ときにはその素材を加熱してどんどん味の奥行きを深めて、すばらしい料理をつくり出していきます。

一方、和食は、余計な味を排除して、素材の持つ味を生かして、シンプルに仕上げていきます。つまり、和食は、素材の味を最大限に大切にするため、刺身のように素材の切り口にも相当こだわります。当然、包丁の切れ味も求められ、切れ味の鋭い片刃が必要になってきます。片刃には、両刃にはない“しのぎ”という部分

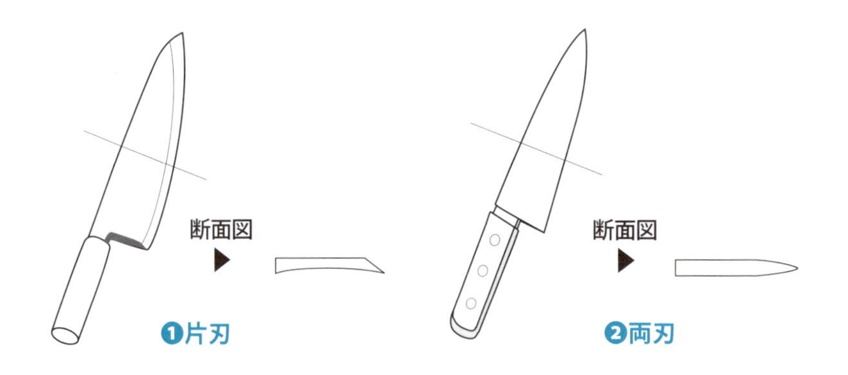

があり、これが安定して魚をさばける構造になっています。

これに対して、両刃は片刃よりも刃先に強度があります。つまり、刃こぼれしにくいのです。おもに洋食、肉屋等で使われています。この両刃を扱う文化では、極端にいうと、切れ味はあまり重視していません。切れたらいい、という考え方です。

フランス料理の世界では切れ味よりも、もっと大切なものがあります。それは、“味付け”です。素材の香りの出し方、火の通し方など、それはそれはとても奥が深く、“包丁の切れ味がすべて”という文化ではありません。

私の個人的な考え方ですが、この片刃包丁の文化を持つ日本は、包丁に対する想い、研ぎに対する想いは世界一だと思います。

本焼と霞

和包丁の構造の話ですが、包丁には本焼(ほんやき)と霞(かすみ)の２種類があります。霞は皆さんがよく目にする包丁で、切刃の部分が２層に分かれていて、その層の部分が霞がかかっているように見えるところから“霞”といいます。

この包丁は、鋼(はがね)と鉄をくっつけて焼いたものです。とても研ぎやすく、そのうえ割れにくい特徴があります。

一方、本焼は切刃の部分に霞のような層がありません。霞包丁は鋼と鉄を合わせてつくったものですが、本焼は鋼のみを焼いたものです。本来、鋼はとても硬いものなので、割れやすく、また研ぐのも大変です。しかし、一度刃をつけてしまうと、霞にはない切れ味の持続性があります。

この本焼は和食のプロの方々の憧れの道具になっています。本焼を使っているだけで、“すごい”といわれます。なぜ“すごい”

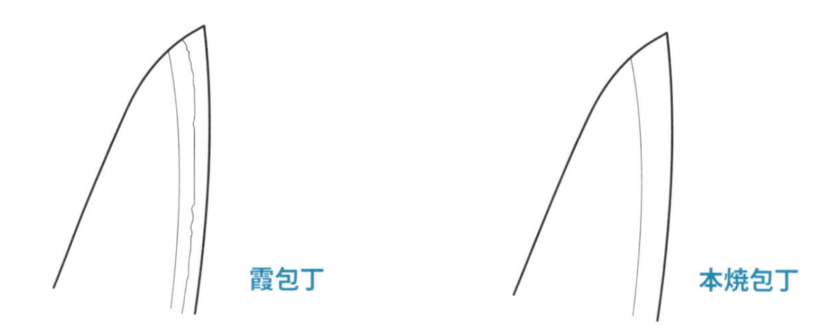

といわれるのでしょうか。

本焼はもろいので扱いに注意が必要です。研ぎもそれ相応の知識と技術が必要になってきます。だから、誰もが使いこなせる包丁ではないのですね。

しかも、値段が相当に高いのです。最低十万円の出費は覚悟しなければなりません。たかが包丁１本に十万円なので、普通の人にはとうてい手が出ませんね。ですから本焼を使っている人は、ある意味、一人前の免許証を持っているようなものなので、皆が憧れるのです。

しかし、本焼を使っている人は、別に人に見せびらかすためではなく、一度使ったらやめられない、そんな魅力にとりつかれているのです。見事な切れ味、切り口のツヤ、切れ味の持続性…。本焼は高いだけのことはある、と納得できてしまうのです。

手にしただけで気が引き締まる、そんなオーラが本焼にはあるのです。

鋼の種類

鋼には、おもに黄紙（きがみ）、白紙（しろがみ）、青紙（あおがみ）の３種類があります（他に銀紙などいろいろ開発されていますが）。

もともとの名の由来は、鋼をつくっている工場で、どの鋼の種類なのか、一目で見分けるために、黄色の札、白色の札、青色の札を使っていることからきたそうです。

黄色の札の鋼を黄紙、または黄鋼（きこう）、白色の札の鋼を白紙、または白鋼（しろこう）、青色の札の鋼を青紙、または青鋼（あおこう）といいます。プロの世界では、ほとんど皆、白鋼か青鋼を使っています。黄鋼は切れ味に影響する不純物が多少残っており、比較的安価で、おもに家庭用として生産されています。

一般的な市場価格では、青鋼は白鋼の約1.5倍です。白鋼の柳刃包丁が1万円だとすると、青鋼になると1万5千円という事になります。そう聞くと、「青鋼のほうが値段も高いし、高級なのかな」と思ってしまいますが、実はそうでもないのです。

まず、白鋼と青鋼の違いについてですが、炭素の入った鋼を焼いたものが白鋼、その炭素鋼にクロームとタングステンを加えたものが青鋼です。

切れ味を重視するのなら白鋼をおすすめします。切れ味の持続性や刃こぼれに対する強さ（粘り）を求めるのなら青鋼をおすすめします。

クロームやタングステンが入っている分、値段が高くなっているわけなので、別に青鋼のほうが高級という事ではないのです。実際、青鋼より白鋼をすすめるプロの研ぎ屋もいるくらいです。ちなみに青鋼で切ったものより、白鋼で切ったもののほうが食味がいいと科学的に立証されている実験結果があるそうです。

鋼はさらに細かく分類されています。白１鋼（白紙１号）、白２鋼（白紙２号）、青１鋼（青紙１号）といったように、鋼の種類の後に数字がついています。これは白鋼でたとえるなら、白鋼に含まれる炭素の量の多い、少ないを示しています。炭素量の多いものを白１鋼、それより少ないものを白２鋼、とよんでいます。

白１鋼は白２鋼に比べて、切れ味がとてもよいです。もともと白鋼は焼入れが難しく、そのなかでも白１鋼は幻の包丁といわれるほど焼入れが難しいのですが、完璧につくられた白１鋼はおそろしいほどの切れ味をもっています。つまり当たりはずれがあり得る包丁なのです。ちなみに青鋼は白鋼ほどの焼入れの難しさはなく、当たりはずれもないようです。

白１鋼は白２鋼よりも炭素量が多いため、硬くなるので、包丁がすべるような感じになり、なかなか刃がつかず、研ぎが大変になります。

青鋼は白鋼よりも、さらに大変で、とりわけ青１鋼は並大抵ではありません。ましてや本焼の青１鋼ともなると、簡単には刃がついてくれません。

そんな事もあり、白２鋼は、研ぎが比較的に楽で、切れ味がとてもよく、価格も安いので、人気の包丁になっています。

ほとんどのプロの方は、無意識にこの白２鋼を買っていると思います。

ちなみに、私が感じた切れ味を擬音で説明すると、白鋼は“スパッ”という感覚で切っている感じです。それに対し、青鋼は“クンッ”という上品な感覚で切れているという感じです。

包丁の形

新しい包丁を買ったときって、なんだかとてもワクワクしませんか？　ながめているだけで、とてもうれしくなりますね。美しい形をしていて、ピカピカで…。

みなさんにはこの感動的な包丁の雰囲気をいつまでも維持してほしいのです。きちんとした研ぎと管理さえすれば、いつも新品のような雰囲気を保てます。

包丁の切れ味の限界は鍛冶屋の腕で決まり、その切れ味を最大限に引き出し、包丁の形をつくるのは研ぎ屋であります（堺では鍛冶と研ぎは分業なので、このように書きましたが、鍛冶と研ぎを同じ人が担うところもあります）。

昔の人は偉いもので、現代に受け継がれるこの包丁の形は理にかなっています。だから、私たちはとにかくこの形をくずさないように、研ぎをすすめていく事が目標なのです。

包丁を買ってしばらくの間はよく切れたけど、何日もたつと切れ味が鈍ったり、切れ味の持続性がなくなってきたような感じがした事はありませんか？　あるとするならば、それは間違った研ぎによって、この正しい形がくずれてしまっているからなのです。

包丁の修理

間違った角度で研ぎをつづける事によってくずれてしまった包丁の形は、いまさらその間違いに気がついても、どうしようもありません。

さりとて新品の包丁を買いなおすのもお金がかかるし、いままで使っていたのでもったいないし…。

そういったときは、プロの研ぎ屋に修理してもらうといいです。修理代は意外に安く済みます。ガタガタだった包丁や大きく刃こぼれした包丁、「こんな包丁、直す事は絶対無理だろう」「どう考えても無理だろう」と思う包丁でも、新品同様に直してくれます（包丁は多少小さくなるかもしれませんが）。

くずれてしまった包丁の形や、大きな刃こぼれを自分で研いで直そうとすると、それはそれはとてつもなく大変な作業になります。

また、そもそもどの角度が正しいのかがわかっていなければ、直しようもありませんね。とりあえずプロの研ぎ屋に正しい形に直してもらい、そしてその正しい角度などを感じ、学ぶといいと思います。私はこれまで何度も包丁の形を崩しては修理してもらうということを繰り返しました。

第2章
砥石の知識

砥石の種類

砥石と一言でいっても、それはそれはもう数えきれないほどの種類があります。

まず、大きく二つに分けて、天然砥石と人造砥石があります。

天然砥石は山から掘ってきたものです。海のなかから取ってきたものもあります(潜水して取るわけではなく、潮がひいてから取ります)。昔の人はみなこの天然砥石を使っていました。

人造砥石なんてもちろん、もともとありませんでした。天然砥石は数に限りがありますし、値段も高いので、私たち人間はそれを人工的につくり出しました。それが、天然砥石に対する人造砥石です。

人造砥石は研磨材を固めたり、焼いたりしてつくられますが、その粒子の細かさも意図的に区別しています。

目の粗い研磨材を使ってつくったものを"荒砥石(荒砥)"、そして、少し目の細かい研磨材を使ってつくったものを"中砥石(中砥)"、さらに目の細かい研磨材を使ってつくったものを"仕上砥石(仕上砥)"とよんでいます。人造砥石はこのように明確に粗さを区別する事ができます。

一方、天然砥石は自然がつくり出したものであるために、たとえ同じ山の同じ砥石であっても、目の粗さが違ったりします。だから明確に粗さを区別する事はできないのです。

しかし、その天然砥石の産地によって、大まかな特徴はありますので、〜県の〜山は荒砥、〜県の〜山は中砥、〜県の〜山は仕上砥、というようにある程度は区別する事ができます。

人造砥石の材質

人造砥石をつくるための粒子はたくさんあります。代表的な粒子には以下のようなものがあげられます。

Ｃ（カーボン）　ＧＣ（グリーンカーボン）　Ａ（アルミナ）
ＰＡ（ピンクアルミナ）　ＷＡ（ホワイトアランダム）

このように粒子の名前がついています。またダイヤモンドを研磨材とした砥石もあります。それらの粒子を顕微鏡で見てみると、角がとんがっていたり、丸くなっていたり、いろいろな特徴があります。

ダイヤモンドの砥石は、イメージどおり一番硬く、研磨力があります。

ＧＣも研磨力があり、それらはおもに荒砥に使われます。

しかし最近のはやりは、ＷＡの砥石だそうです。粒子の角がＧＣほどとがっておらず、丸いので、傷が浅めなところが人気の理由だそうです。

ただ、研磨材が硬いからといって、それが砥石の平面を維持するのにつながるかというと、そうでもなく、研磨材とそれをつなぐ結合材とのバランスや製法がとても大事です。

たとえば、同じＧＣを使っていても、砥石の減りが早かったり、あるいはとても硬くてなかなか減らなかったりします。そのバランスや製法によって、砥石の性格やクセは多種多様です。

それらはその砥石の個性となります。そして、研ぎにおいて、その個性と自分の好みが合うか、という事が大切になってきます。いろいろな砥石を使ってみるとわかりますが、人間の性格のように、本当にさまざまな特徴やクセがあります。

人造砥石の製造方法

人造砥石はいろいろな製法でつくられます。そのなかで代表的な製造方法でつくられる人造砥石を紹介しましょう。製法の違いによって、使い方や特徴が大きく変わってきます。

●ビトリファイド法

研磨材をセラミック質の陶器の釉薬(ゆうやく)を結合材として混ぜて、高圧成型し、1000℃以上の温度で焼き固めたもの。

刃先に与える影響があり、キズを取るのに少し苦労します。仕上砥にはあまり向かないかもしれません。製法上、細かすぎる番手のものはつくりづらいそうです。しかしシャープに研げる感じはあります。

研磨力があり、耐酸、耐アルカリ、耐熱、耐候性（たいこうせい）（夏季や冬季の気温変化に対する耐性）に富み、経年変化をほとんどおこしません。つまり、水に浸けておくと割れてしまうといった心配はなく、半永久的に使えます。ビトリファイド法は中砥によく見られる製法です。ちなみに焼き固めた砥石を“セラミック”といいます。セラミックという名前をつけた砥石は、とても人気があるので、ビトリファイド法でもないのに、セラミックの名前をつけた砥石もあるそうです。最近ではセラミックに対する定義が変わってきているのかもしれません。

○マグネシア法

研磨材とマグネシアセメントを混合し、触媒としてにがりを混ぜて、常温乾燥し、硬化させてつくります。高温と低温に弱く、冬場には割れるおそれもあるので、保存、保管に問題があります。どちらかというと天然砥石的な感じがあり、仕上砥に向いています。中砥にはあまり使われない製造方法です。

○レジノイド法

研磨材と樹脂の結合材を混ぜて、低温（200℃内外）で焼き固めたもの。製造が比較的簡単で、安価な製品ができます。中砥としては、ビトリファイド法の次に、また仕上砥としてはマグネシア法の次に数多く流通しています。

メーカーによる違い

たとえば、ＧＣの硬口の荒砥といっても、市販されているものすべてが同じ性質かというと、そうではありません。“ショートケーキ”と一口でいっても、ケーキ屋さんによって、味や飾りつけなどが違うように、ＧＣの硬口の荒砥といっても、当然メーカーによる違いがあります。

結合材の加減が違ったり、粒子の密度が違ったり、製造方法が違ったり…。各メーカーは一つの砥石に対して、日々試行錯誤を繰り返して、砥石の性格をつくり出しています。

ですから選ぶのは大変です。砥石のクセに対する好みはありますし、そして、そのクセをもった砥石は一体どの砥石なのか、箱を見ただけでは、なかなかわかりません。

インターネットなどで調べてみると、実に数多くの情報はあるのですが、ここはもう辛抱して、いろいろな砥石を買って使ってみるしかありません。自分好みの砥石に出会ったときの喜びは、とても大きいものです。

吸水時間

乾いた砥石の表面に水を数滴たらしてみてください。水がスーッと砥石のなかにしみ込んでいきます。つまり、砥石が水を吸うのです。すぐに研ぎ始めると、研ぎに必要な砥汁（とじる）が出てきてくれません。

このような砥石は、使う前に水に浸けておく必要があります。水に浸けておくと、砥石から泡がブクブクと出てきます。この泡が出なくなるまでおいてください。

その時間は10分とも15分ともいいますが、一概に何分とはいえません。なぜなら、砥石によりクセがあるからです。早く水を吸ってくれるものや、そうでないもの、いろいろあります。

また砥石の厚さによっても変わってきます。厚いときは吸水に10分かかっていたものが、その砥石を使い込むうちに薄くなってきて、３分で水を吸い終わる、という事もあります。

一方、水に浸ける必要のない砥石もあります。また表面をさっとぬらすだけでよい砥石もあります。こういう砥石は使いたいときに、いつでもすぐに使えるので便利です。

砥石の硬さ

砥石には柔らかいものや硬いもの、いろいろあります。柔らかい砥石というのは、読んで字のごとく柔らかいのです。包丁を研ぐと、砥汁がたくさん出て、刃がつきやすいのが特徴です。また変な研ぎ方により、刃先をいためる事も少ないです。

一方、砥石が硬いと、包丁がすべるような研ぎごこちがあります。また砥石に対して包丁の当て方が少しでも狂うと、刃先に砥石が当たらず、なかなか刃がついてくれません。しかし、砥面(とめん)の平面がくずれにくいので、頻繁に面直しをしなくてもよく、使い方によっては、精度の高い刃を、より早くつける事ができます。

硬い砥石と柔らかい砥石とでは、どちらがよいとはなかなかいえません。これに関しては、人それぞれの研ぎのレベルや好みなどがあり、砥石に対して、なにを求めているかによって変わってきます。一般的に本焼などの硬い包丁は柔らかい砥石、柔らかい包丁は硬い砥石がよいとされています。

研磨力

同じ粗さの砥石でも、種類やメーカーなどが異なれば、それぞれ刃を研ぎおろす力（研磨力）は違ってきます。研磨力の高い砥石もあれば低い砥石もあります。

基本的には、砥面がくずれやすい柔らかい砥石は研磨力があり、逆に砥面がくずれにくい硬い砥石は研磨力に劣ります。包丁をよく研ぎおろす事ができ、しかも、砥面の平面がくずれにくい、という砥石はなかなかありません。

荒砥や中砥で、研磨力の高さや砥面のくずれにくさを求めるなら、電着式（でんちゃくしき）という製造法のダイヤモンド砥石（ダイヤを研磨材としてつくった砥石）があります。しかしこれには包丁につける傷が深かったり、よい刃がつきにくかったり、砥面がさびやすかったり、砥石の寿命が短かったり、といったいろいろな欠点もあります。

一方、焼結式（しょうけつしき）という製造法でつくられたダイヤモンド砥石もあります。これは、電着式のダイヤモンド砥石よりも砥面がくずれやすかったり、砥石そのものが一般的にとても高額であったり、といったいくつかの欠点があります。

他にも研磨力が高い粒子はありますが、それらは研磨材としての性能の話であって、実際は結合材とのバランスや製法が大切になってきます。

仕上砥石で、砥面のくずれにくさを求めるなら、いまのところ、人造砥石よりも天然砥石を探したほうがよいと思います。

砥汁

水を吸った砥石は、研いでいると泥のようなものがにじみ出てきます。これが砥汁です。ネトッとしたものから、水っぽくてサラッとしたもの、黒っぽいものや、茶色っぽいものなど、砥石によって違いますが、必ず出てきます。

砥汁は、砥石から出てきたもの、包丁の鉄粉を多く含んでいるものなど、性質が違います。それは、砥石の個性や、砥石と包丁の相性によって変わってきます。同じ砥石でも、霞の包丁と本焼の包丁を研ぐ場合とでは砥汁の出方からして違います。

研ぎにおいて、砥汁は必要なものです。包丁は砥石を削って研ぐのではなくて、砥汁で研ぐものです。吸水が必要な砥石なのに、まったく水に浸けずに包丁を研いだら、砥汁は出てきません。そしてそのために研磨力が上がらず、むだな労力を使い、しかも、むだに砥石を減らしてしまっているのです。

砥石を水にしっかり浸けておいても、研いでいるうちに水分がなくなって、砥面がカラカラになってしまう事もあります。そんなときは、ほんの少しだけ水を砥面にかけてあげると、砥汁は復活します。

刃のキメの細かさ

刃先は顕微鏡で見てみると、必ずのこぎり状になっています。荒砥で包丁を研ぐと、のこぎり状のギザギザが大きく、粗くなります。仕上砥で包丁を研ぐと、のこぎり状のギザギザは小さくなり、細かくなります。

切刃も砥石の粗さ細かさに影響を受け、刃先と同じようにギザギザがつきます。しかし、刃先と違って、切刃はこのギザギザのキメの粗さ細かさを目で見て判断できます。

荒砥で研ぐと切刃はギザギザの傷だらけですが、中砥、仕上砥と細かくなるにつれ、傷は細かくなり、人造砥石の超仕上砥になると、ピカピカの鏡面状態になります。

このキメの細かさは切れ味にとても深く関係しています。細かくなればなるほど、切れ味は鋭くなります。カミソリがその代表例です。

逆にキメが粗くなると、切れ味がにぶるというよりも、切る物に対するくいつきがよくなります。物をしっかりかんで切ってくれます。たとえば、丸太を切るとき、刃先の鋭いカミソリを使うよりも、のこぎりを使ったほうがよく切れますよね。

砥石のサイズ

人造砥石にはいくつかサイズがあります。これらは１丁掛け（いっちょうがけ）、２丁掛け、３丁掛け、とよびます。

１丁掛け
サイズ：長さ205mm×幅50mm×高さ25mm

２丁掛け
サイズ：長さ205mm×幅50mm×高さ50mm

３丁掛け
サイズ：長さ205mm×幅75mm×高さ50mm

これはどこにいっても通じるサイズです。この他にメーカーによってさまざまなサイズがあります。
天然砥石にもサイズのよび方がいろいろあります。

24切（218mm×78mm）

30切（205mm×75mm）

60切（195mm×70mm）

80切（180mm×63mm）

100切（160mm×58mm）

“切”ではなく“型”とするときもあります。砥石の角が欠けているものは“切”を使わずに“抜”を使います。

もともと、1こうり*（60kg）が基準となっていて、それに収まる数が30個なら30切というようにあらわしました。だから100切より30切と数字が小さくなるにつれて、砥石の大きさは大きくなります。

*こうりは“甲”と書く梱包の単位で、1梱包にまとめたものを1こうりとよぶ。

●人造砥石のサイズ

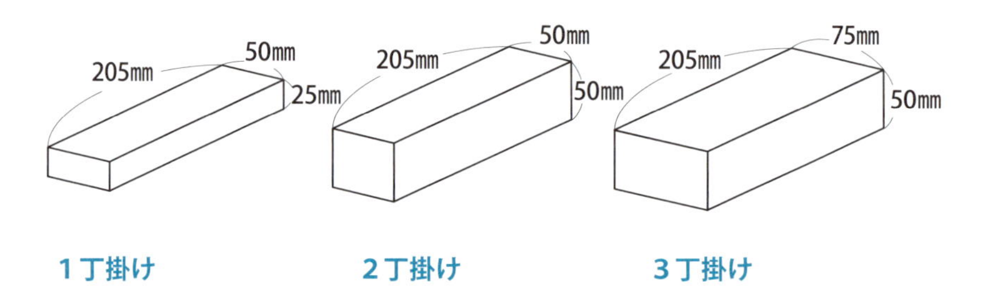

砥石台と研ぎ台

砥石は使っていると、当然薄くなってきます。かなり薄くなると、砥石が割れてしまう危険があります（とくに力を入れて研ぐ人に多いです）。

こんなときは、平らな木に木工用ボンドなどで砥石を貼りつけて砥石台をつくる事をおすすめします。こうすると、砥石が紙切れほどの厚さになるまで使えます。紙切れほどの厚さになってくると、なんだかうれしくなって、妙な達成感がわいてきて、人に“薄いやろー”と自慢したくなります（私だけかもしれませんが…）。

砥石は通常雑巾を下に敷いて固定して使います（雑巾が砥石の水分を吸うので良くないという人もいますが…）。なかには別に研ぎ台を木で自作する人もいます。

●砥石台のつくり方　砥石を木工用ボンドで板に貼ると、薄くなるまで使えます。

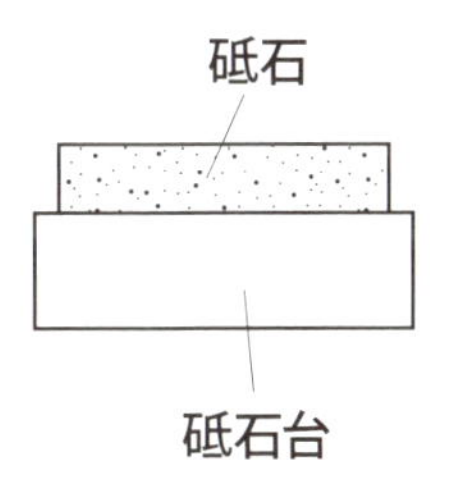

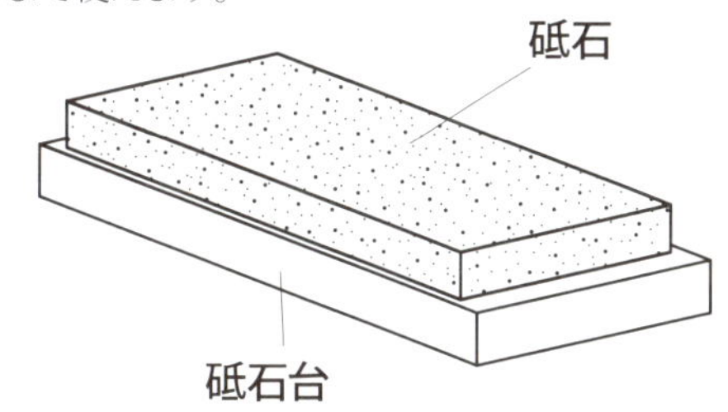

●砥石台をつけて研ぐ

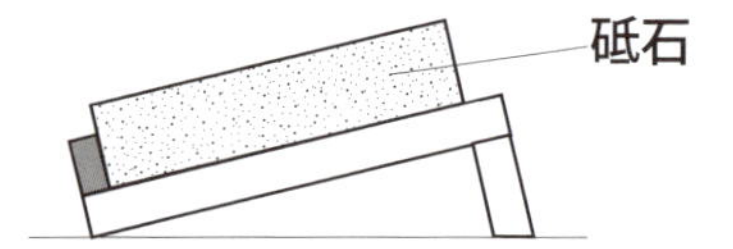

❶ 最初は砥石だけで高さがあるので研げます。

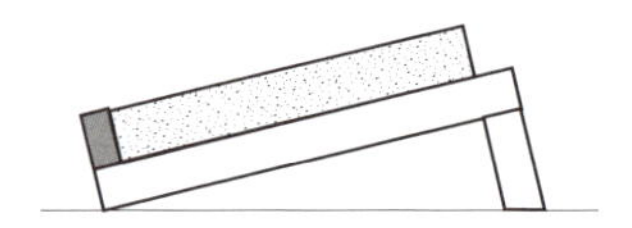

❷ 砥石が薄くなってくると、研ぎづらくなります。

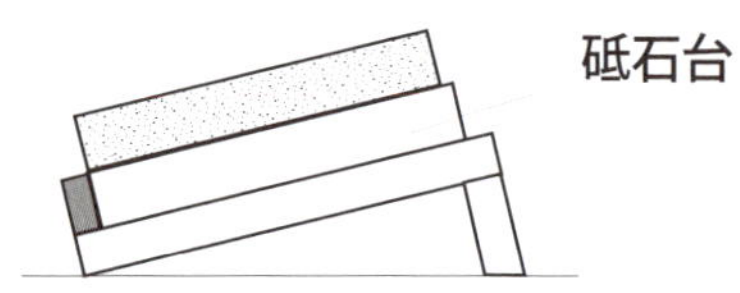

❸ 砥石に砥石台を木工用ボンドで貼りつけて高くします。

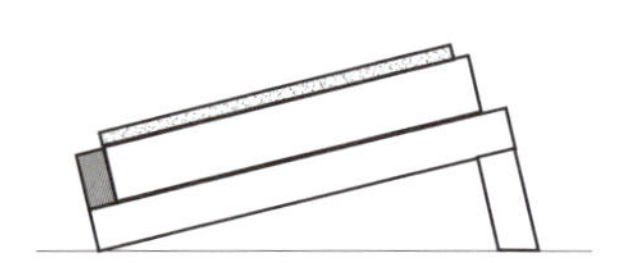

❹ 砥石が紙のように薄くなるまで使えるようになります。

●研ぎ台のつくり方

手前を高く、奥を低くして、砥石を固定するのに用います。この研ぎ台(砥石台ともいいます)をつくるときの注意点は、砥石、あるいは砥石に貼りつけた砥石台よりも、自作の研ぎ台のストッパーを低くする事です。高いと砥石が薄くなってきたときに、ストッパーが邪魔をして研ぎづらくなるからです。

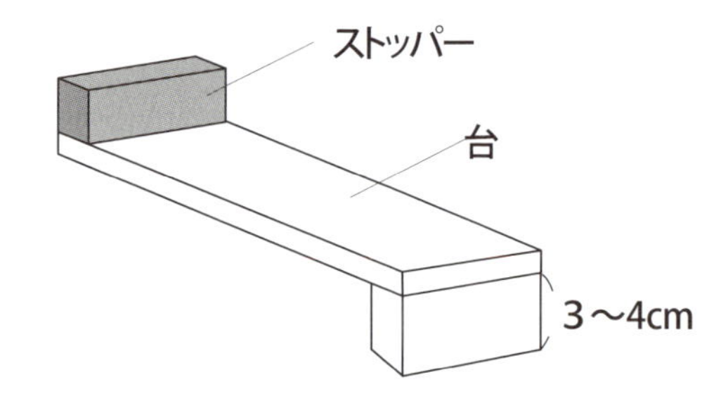

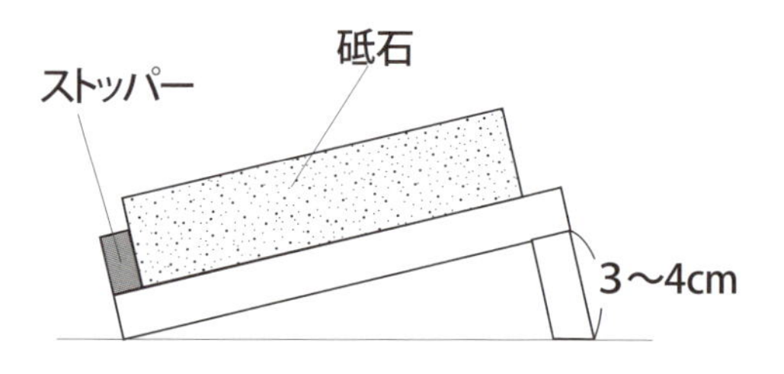

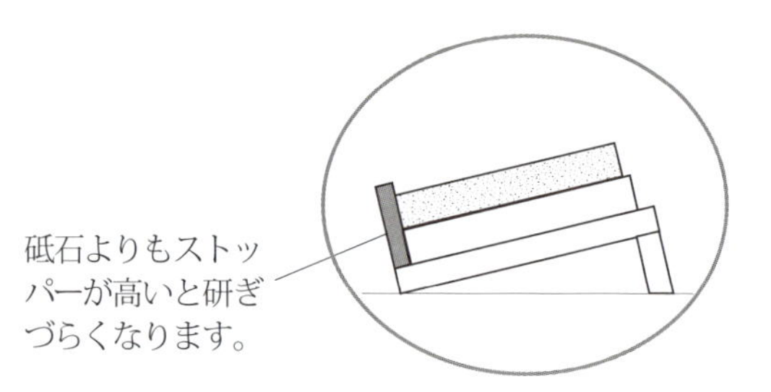

砥石よりもストッパーが高いと研ぎづらくなります。

番手

砥石を売っている店に行くと、＃1000とか＃400という数字が表示されています。これを番手（ばんて）といいます。番手はとても大切な記号で、砥石の粒子の細かさ（粒度）をあらわします。つまり、粒子が細かくなればなるほど数字は大きくなってきます。

＃400→＃1000→＃2000→＃8000
粗い←　　　　　　　　　　→細かい

そして、粒子が粗くなればなるほど、包丁を削る力が強くなります。細かくなればなるほど、キメの細かい刃先に仕上げる事ができます。

通常、包丁用には＃80くらいから＃10000くらいの番手があります。砥石の会社によっては＃30000というのもあります。そして次のようによび分けています（なお、メーカーや個人の考え方などにより、多少の違いはあります）。

○＃80～＃320を荒砥

○＃400～＃800を中砥

○＃800～＃1500を中仕上砥

○＃1500～を仕上砥

一般的には
○＃220くらいを荒砥
○＃1000くらいを中砥
○＃6000くらいを仕上砥
とよんでいます。

一般的に、刃こぼれを直したり、刃の形をつくったりするのは荒砥、刃をつけるのが中砥、刃のキメをより細かく仕上げるのが仕上砥、といわれています。

砥石のそろえ方

砥石の番手にはいろいろあるとお話しましたが、それでは一体何番の砥石を買えばいいのでしょう？

最低でもそろえてほしいのが、荒砥、中砥、仕上砥の３種類です。「中砥一つで十分だ！」という人もいますが、我々プロの包丁人であれば、少なくともこの３種類はどうしてもそろえたいところです。

中砥一つしか持っていない人も結構たくさんいますが、決まってその人は、包丁を研ぐ時間が長くかかったり、なかなか刃がつかなかったり、切れ止む（切れなくなる）のが早かったりします。

それではなぜ荒砥、仕上砥が必要なのでしょう？

荒砥の必要性

荒砥は刃こぼれを直すものと、よくいわれますが、それだけではないのです。実は研ぎに関して、荒砥は非常に重要なのです。荒砥でしっかりカエリが出るまで研いで、きちんとした形に整えないと、いくら中砥や仕上砥を使ったところで刃はつきません。

中砥一つでカエリが出るまで研ぐよりも、その前に一度荒砥を使ったほうが早くカエリが出ます。つまり、研ぐ時間が短縮できるのです（しんどいじゃないですか、研ぐのって）。

そして、それから砥石の粒度を細かくしていって、刃の傷を消していけばいいのです。つまり、刃のキメを細かくしていけばいいのです。

ただしこれは完全に刃が磨耗しているときの話であって、そこそこ刃がついていたら、中砥や仕上砥からスタートしたほうが研ぎ終わりは早くなります。

仕上砥の必要性

片刃の包丁というのは裏がくぼんでいます。このくぼみを裏スキといいますが、これが包丁にとって、とても大切な役割となるのです。このくぼみがなくなると、片刃の包丁ではなくなってしまうのです。

一般に両刃（もろ刃）よりも片刃のほうがよく切れます。くぼみがなくなると片刃の切れ味を台無しにしてしまうのです。また、切った食材がはりつくために、切り込み感も弱くなります。実はそのような事よりも、包丁の寿命を縮めてしまうのが一番おそろしいのです。裏側は鋼がむき出しなので、研ぎすぎると、あっという間に鋼がなくなってしまうのです。

＃1000の中砥一つしか持っていないと、当然、裏も＃1000で研ぐ事になります。＃1000は、中砥といっても実はとても粗いので、それで何ヵ月も裏を研いでいると（以降、裏を研ぐ事を裏押しとよぶ）、必ずすぐにくぼみがなくなり、ペッタンコになってしまいます。

仕上砥で裏押しをすると、カエリを取るだけで、必要以上に研ぎすぎてしまう事がありません。だからこそ仕上砥が必要なのです。

だらだらとお話しましたが、早くよりよく研ぐには、やっぱり砥石は最低三つ必要なのです。

それでは実際のところ、何番の砥石を買おうか、という話になってきますが、これは人それぞれの考え方があります。

＃220→＃1000→＃6000

＃180→＃800→＃3000

＃150→＃400→＃1000→＃4000

＃120→＃220→＃400→＃1000→＃2000→＃6000

このように組み合わせ方には決まりなどなく、必要と感じれば砥石を買い足せばいいし、必要と感じなければ無理に買う必要はないと思います。

たとえば、＃1000から＃6000のように手持ちの番手が飛びすぎている場合、もしも研ぎが大変だと感じたならば、間に＃2000を買い足せばいいでしょう。

何番の砥石をそろえたらいいのか、見当もつかないのであれば、とりあえず、

＃220→＃1000→＃3000

の３種類からそろえてみましょう。

また裏押し専用の仕上砥を持っている人もいます。なぜ専用なのかといいますと、常に平面を保てるからです。裏押しは、なにがなんでも絶対に平面の砥石でなくてはいけません。包丁の表面を研いだ後、同じ砥石で裏押しをするときに、砥石の面が平面になるように修正する事が面倒な人がよく持っています（実は私も持っています…）。

面直しの必要性

砥石の面を平面に維持する事が、研ぎの上で一番大事です。

くぼんだ砥石で研ぐと、刃も砥石のくぼみに合わせて丸くなってしまいます。

くぼんだ砥面で研ぎ続けて、ある日、急に砥面を修正して平面にすると、今度は逆に刃先が砥面に当たりにくくなり、研ぎに時間がかかってしまいます。そして結局、砥石がくぼむまで研ぎ続け、ようやく刃がつく、という状態になってしまいます。

また、くぼんでいる砥石で研ぐと、刃先が砥面に常に当たっていないので研ぎに時間がかかります。

常に平面を維持している砥石を使うと、ストローク中、常に刃先が砥面に当たっているので、早く刃がつきます。また、常に同じ研ぎ方をすれば、1ヵ月たっても2ヵ月たっても包丁も砥面も平面なので、簡単に砥面に刃先が当たります。

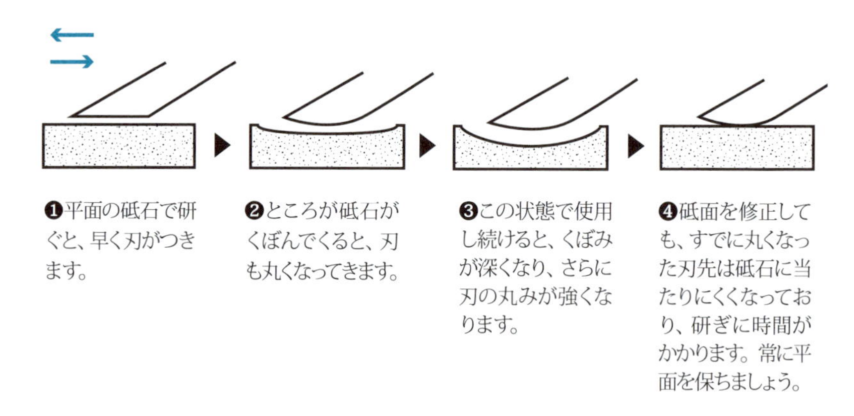

❶平面の砥石で研ぐと、早く刃がつきます。

❷ところが砥石がくぼんでくると、刃も丸くなってきます。

❸この状態で使用し続けると、くぼみが深くなり、さらに刃の丸みが強くなります。

❹砥面を修正しても、すでに丸くなった刃先は砥石に当たりにくくなっており、研ぎに時間がかかります。常に平面を保ちましょう。

ですから砥面は平面を維持する事を心がけましょう。かなり大変な事ですけど、慣れてしまえば、くぼんだ砥石に包丁を当てる事など考えられなくなります。

面直しは、砥面が大きくくぼんでから行なうと、とても大変です。なるべくこまめに面直しをし、それこそ研いでいる最中にも、砥面を直すくらいの気持ちでいたほうがいいです。

砥石は、包丁を研ぐから薄くなっていくのではなく、面直しをするから薄くなっていくのです。

●面直しをした砥石で丸い刃を研ぐ

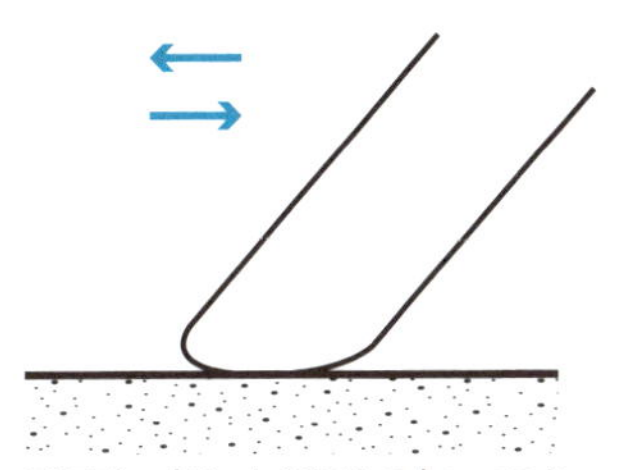

平面に直した砥石で丸い刃を研ぎます。研ぎに長時間かかります。

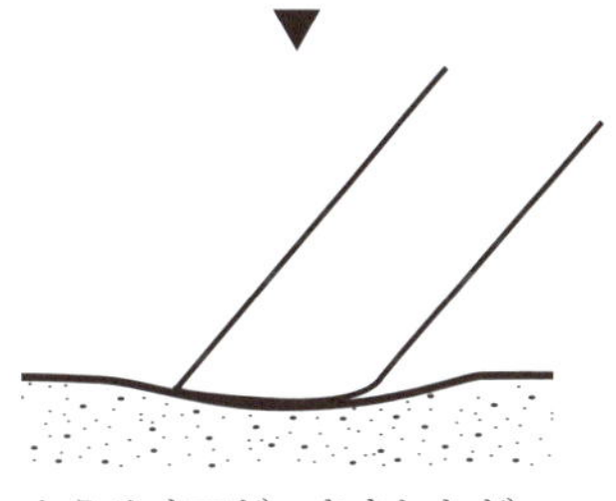

ようやく刃がつきましたが、そのときすでに砥石はくぼみ始めます。

●くぼんだ砥石は研ぎ時間がかかる

砥面がくぼんでいると、刃先が砥石に当たっていないので時間がかかります。

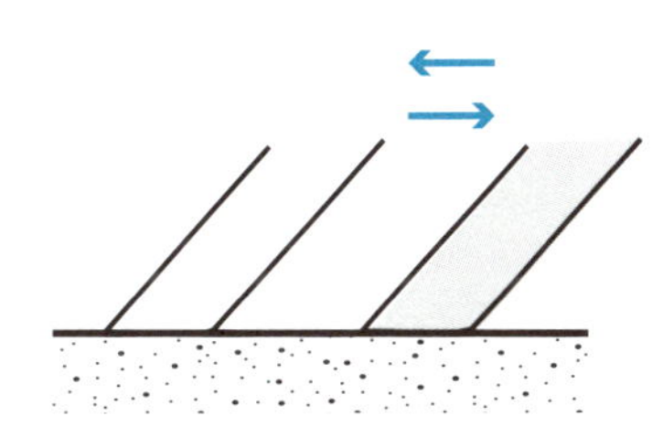

砥石が平面だと、刃先が砥石にぴったり当たっているので短時間で研げます。

面直しの仕方

砥石の砥面を直す方法はいろいろとありますが、そのとき大切なのは、直さなければならないくぼんだ砥石よりも、面直し用砥石の目が粗い事です。粗ければ粗いほど楽に面が直ります。

次に、いくつか砥石の面直しの仕方を紹介します。砥面を直す方法はいろいろとありますが、これが一番よいというのはありません。自分に合った方法を見つけてくださいね。

◎面直し砥石を使って砥面を直す

これはあまり知られていない事なのですが、面直し用砥石で砥面をこすって直していると、面直し用砥石自体の砥面がくずれてきて、面直し用砥石の砥面を直さないといけなくなります（早口言葉みたいになってしまいました…）。ですので、全面をまんべんなく使うように心がけたほうがいいです。

◎コンクリートで砥面を直す

厨房の床で砥面をこすって直す人もいますが、床はもともと平面ではないので正確には直りません。しかも、意外と時間がかかりますし、床自体もツルツルになってしまいます。

◎砥石どうしをこすり合わせる

下の図を見てください。このときの注意点なのですが、こすり合わせるストロークを大きくしすぎない事です。

往復運動は片道2、3cm程度で十分です。

◎ダイヤモンド砥石を面直し用砥石として使う

ダイヤモンド砥石は研磨力に優れるうえ、砥面がくずれにくいので、修正する砥石をかなり精度の高い平面に修正する事ができます。

問題点はダイヤモンド砥石自体の金額が高い事です。

◎面直し用の板に金剛砂をふりかけて砥面をこする

面直し用の板といっても木製ではなく、セラミックや金属などでできていますが、その素材はメーカーによって違います。

金剛砂(こんごうしゃ)は、粒自体とても硬くて目の粗い粒子ですが、そのなか

●砥石のこすり方

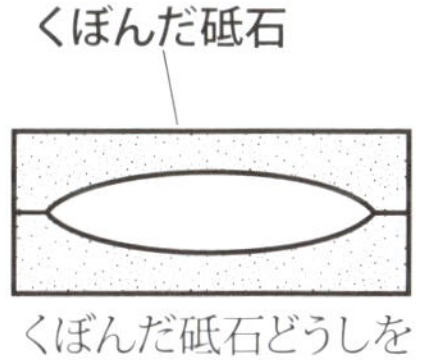

くぼんだ砥石どうしを合わせて縦方向にこすります。円を描くようにこすると意外に早く修正できます。

大きく砥石を動かすと、くぼんだところも削ってしまいます。

2～3cm程度の往復運動で十分です。

でも、粗目、中目、細目などに分類されます。砥石によって使い分けるといいと思います。面直し用の板の上に金剛砂をふって、直したい砥石の砥面をこすります。このときに使用する金剛砂は、少なすぎると表面の溝がこすれてなくなってしまうので注意してください。

こする際は、砥面に均等に力が加わるようにし、こすり終えるときは縦の動きで終えたほうがいいでしょう。

問題点は、面直し用の板に加え、消耗品の金剛砂も買い続けないといけないところです。

◯くぼんだ砥石と砥石の間に金剛砂をふりかけてこする

金剛砂を使うと早く修正できますが、粒子自体硬くて目が粗いので、砥面に傷がついてしまいます。砥面が直ったら、その傷を取るために、金剛砂を一度きれいに洗い流して、もう一度砥石どうしをこすり合わせるといいです。

以上、面直しの方法を紹介しました。

さて、砥石は中砥なら中砥本来のキメがあります。面を直すときに目の粗すぎるもので修正した場合、砥面はかなり荒れています。荒れた状態で使用すると、本来持っている性能を十分に発揮できなくなる事があります。

ですので砥面を直した後、中砥なら、同程度の目の粗さの中砥どうしで、砥面をならしたほうがいいと思います(これを共ずりといいます)。

荒れた状態のまま使用すると、実は逆に研磨力が上がるのです。しかし、砥汁がたくさん出て、砥面がくずれやすくなります。

奥の深い天然砥石

天然砥石にはなかなか砥面が減りにくい、という特徴があります。そしてよい天然砥石は高額です。そんな理由から、普通の人は頻繁に天然砥石を買いかえたり、研ぎ比べたりする機会がどうしても少なくなります。

まして、同じ種類の砥石でも一つひとつクセが違うとなれば、天然砥石の事をすべて理解するのは、ほとんど不可能に近いと思います。私自身も人から得た知識はあっても、自分自身で感じて得た事は、ほんの微々たるものです。

ですので、本当は天然砥石についてあまり書きたくないのです。というより、むしろ書けません。この世界に精通しておられる方には、不愉快な思いをさせてしまうかもしれませんが、天然砥石を紹介するという事で、一般的な事を書かせてもらいますので、どうか目をつぶってください。

天然砥石とは

何億年もの歳月をかけて、ようやく私たちの目の前にあらわれた天然砥石は、とてもすばらしいものです。人造もいいですが、一度は天然を使ってみるといいと思います。

日本にはたくさんの砥石の産地があります。一昔前は日本のあらゆるところで砥石を産出していました。しかし、いまでは砥石の採掘者が減ったうえ、これまで大量に採掘されてきたため、砥石の層自体が減ってゆき、なかには採掘を終了した山もあります。

そんなわけで、いまや天然砥石は貴重品となっています。そのため金額もびっくりするような高額のものもあります。逆に、天然であるため、包丁を傷つけるような不純物が砥石のなかに混じっていたり、筋が入っていたり、品質的によくないものも当然あります。そういった砥石は金額も安くなっています。

よい砥石は値段が高い、よくない砥石は値段が安い。簡単にいえばこの一言に尽きるのですが、その砥石の良し悪しを見分ける事はなかなか難しいのです。

砥石にも魚と同じように“目利き”というのがありまして、目利きができて、適正な値段の砥石屋さんを見つけなくてはいけません。

粗悪な砥石なのに、それに見合わない高額な値段をつけて売っている店もあると聞きます。砥石を買う前に、いくつかの砥石で試し研ぎをさせてくれる良心的なところもあります。

天然砥石は自分自身の目利きや好みで買いますが、それ以上に、お店の主人との信頼関係をもつ事がとても大切です。

天然砥石はいろいろな種類があります。そのなかの一部ではありますが参考資料として、次頁に写真を掲載いたします。

天然砥石を採掘する山は、ほとんどが閉山しており、この山の砥石、あるいはこの山のこの層の砥石が欲しいと思っても必ず手に入れることができるものではありません。ある意味、在庫の商品となってしまうので“運”によるところが大きいのです。

記載している番手はあくまでも目安であり、砥石を粉砕して調べたわけでもありません。また天然物であるので、すべてが同じ番手とは決していえません。粒度も色々混じっています。

●いろいろな天然砥石

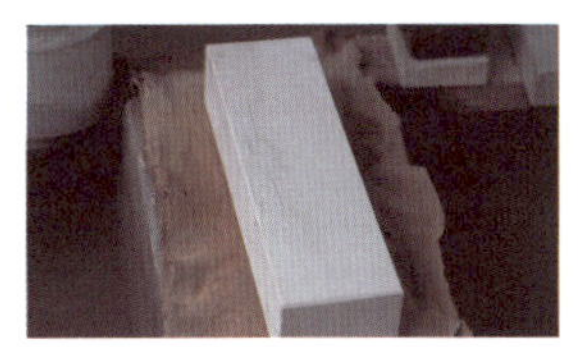
平島　荒砥　#150

大村　荒砥　#220

目透　荒砥　#320〜400

天草　中砥　#800

硬軟あり、いまも採掘中。

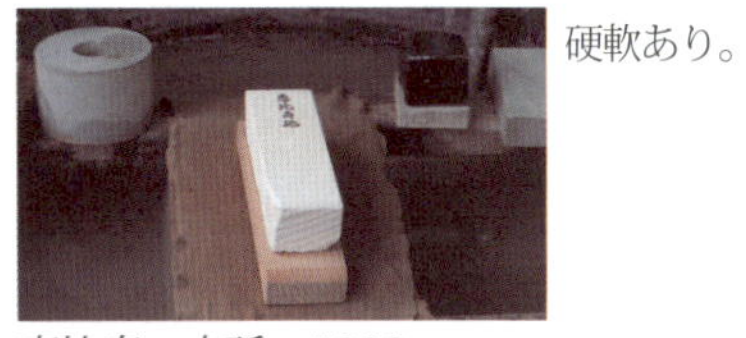
恵比寿　中砥　#800

硬軟あり。

五十嵐　中砥　#1000〜1500

天草、恵比寿以外はほぼ一定。

上野　中砥　#1000〜1500

こうずけと読みます。

山形改正　中砥　#1000〜1500

日本刀の研ぎに使用。

但馬　中砥　#1000〜1500

非常に硬い。ナイフのエッジを立てるときに使用。

浄慶寺　中砥　#1000〜1500

焼いて、名倉*として使うときもあります。

伊予　中砥　#1000-1500

研ぎ味がよい反面、割れやすさもあります。

備水　中砥　#1500

日本刀の研ぎに使用。現在も採掘中。

＊砥石が硬くて砥汁がなかなか出ないときに、これで砥面をこすって砥汁を出します。

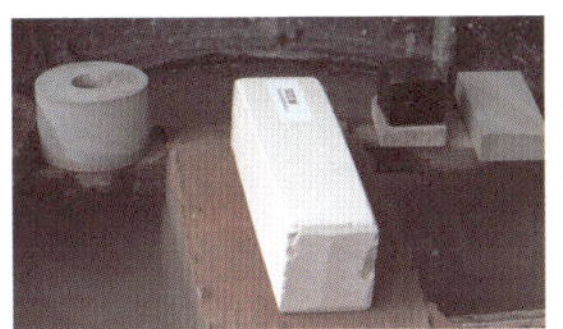
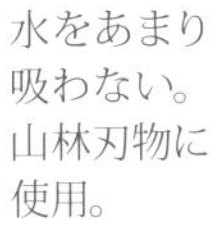

沼田　中砥　#2000

水をあまり吸わない。山林刃物に使用。

門前　中砥　#4000

この砥石の代わりにつくられたのが、有名なキングの“赤レンガ”とよばれる砥石。

対馬　中砥　#4000

海から採取。黒名倉といい、名倉として使われることも。

青砥　中砥　#4000〜6000

人気のある砥石。硬さにより色が違います。合砥(仕上砥)の前に使用。

三河名倉　中砥　#6000

さまざまな層あり。白名倉といい、名倉として使うことも。

奥殿巣板　超仕上　#10000

おくどと読みます。巣板は奥殿が有名。よいものは、かなり高額。

三河名倉(上／目白、下／天上)

目白と天上の境目の原石。

中山　超仕上　#10000

かなり細かい刃がつきます。よいものはおどろくほど高額。

三河名倉

上ボタンは層が厚く、下ボタンは層が薄い。

大平並砥　超仕上　#10000

おおひらと読みます。“並”といっても質が悪いわけではありません。

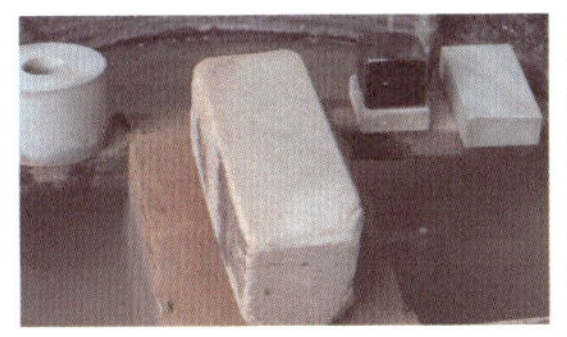

佐伯　中砥　#2000

以前よく使われていた砥石で、茶色や赤色などいろいろな色があります。

丸尾山敷内曇　超仕上　#10000

大内の砥石。丸尾山は採掘者が名付けました。現在も採掘中。

●天然砥石の採掘現場

丹波・大内にある丸尾山の天然砥石の採掘現場。坑内で“こで矢”とよばれる鉄製の長い棒やカナヅチを使って原石を採掘します。
いまではこうした現場は少なくなりましたが、とくに昭和初期は各地で盛んに採掘が行なわれていました。

❶大きな原石を取る場合、こで矢を原石の隙間にこじ入れます。

❷こで矢を前後左右に動かすと、隙間が大きく広がってきます。

原石をはがし取る（おこすといいます）際、比較的力がいらない場合は、“矢”とよばれる短い鉄棒と“せっとう”とよばれるカナヅチのようなものを使います。

❸はがれた砥石の原石。

土橋要造氏（砥取家）

丹波の大内で原石を採掘しています。日本研ぎ文化振興協会理事として活躍。

天然砥石の産地

昔に比べて減ってはきていますが、いま現在でも天然砥石は採掘されています。

○おもな産地（現在ほとんど閉山しています）

［荒砥］和歌山県：大村砥、長崎県：平島砥

［中砥］熊本県：天草砥、愛知県：三河名倉砥、長崎県：対馬砥、京都府：青砥

［仕上砥］京都府：合砥（あわせど）

○京都府の合砥（仕上砥）を産出する山

京都には中山、奥殿、大突、菖蒲、鳴滝向田、大平、水木原、奥ノ門、新田、馬路、日照山、美山、高島妙覚山、神前、八箇山、大内などの仕上砥の名産地があります。

○砥石の層

同じ山でもいろいろな種類の層があります。通常天然砥石は〜山の〜層とよんでいます。

内曇、八枚、千枚、戸前、合さ（あいさ）、並砥（なみと）、巣板、これらはすべて層の名前です。“奥殿の巣板”“中山の戸前”“日照山の合さ”などといいます。

ちなみに、合砥は仕上砥の事ですが、天然砥石のなかでの仕上砥であって、人造砥石に当てはめると超仕上砥になります。したがって天然砥石の中砥は人造砥石でいう仕上砥に近いものになります。

天然砥石の粒子

天然砥石の粒子はとても魅力的です。人造砥石は、＃5000の粒子なら、いくら研いでも＃5000の粒子のままです。しかし天然砥石は研いでいるうちに、粒子自体が砕かれ、さらに細かな粒子になります。どんどん番手(＃)が細かくなっていくのです。しかも、不思議なことに、研いだ刃先が硬くなり、よく切れ、切れ味も持続するという力があります。

天然砥石で研いだ後の見た目の包丁の“ツヤ”は、一般的に曇りがちで、にごったような感じになります。これは、砥石の粒子の形と、研いだ刃に当たる光の関係が原因です。

人造砥石は粒子自体がとがっているので、たとえ仕上砥石であっても、細かく鋭利に包丁に傷をつけています。この鋭利な部分に光が当たって鏡面のようになります。極端な例がダイヤモンド砥石です。ダイヤモンド砥石で包丁を研ぐと、傷がかなり鋭利なので、光がよく反射します。

天然砥石は逆に、粒子が丸みを帯びていますので、鏡面というよりも、“黒光り”や“曇った感じ”になります。

コッパ(小端)

天然砥石の値段を決める要素は一つではありません。性能や性質だけで値段が決められているのではなく、産出した年代や、希少性、厚さや形にまで関係してきます。

厚さがそれなりにあり、きちんと整形された長方形なら、グンと値段が上がります。逆に、コッパといわれる、形がいびつであったり、小さかったりする砥石は、かなり値段が下がります。

形が悪いだけで、砥面はなんの問題のないものもありますので、研ぐ際に不都合を感じなければ、大変にお買い得だと思います。

カシューの塗り方

天然砥石には、その性質上、とても割れやすいものや、ヒビが入っていて割れる危険性のあるものもあります。そういうときは、カシューという液体で表面を塗り固めて保護します。ちなみにカシューはカシューナッツの殻の油からつくられた塗料です。

あらかじめカシューを塗ってから砥石を販売してくれる店もありますが、もし塗ってなかったら、以下のように塗り固めてから使用するといいでしょう。

カシューはホームセンターなどで売っています。購入したらカシューの原液をうすめ液で、濃い目(ドロッとした状態)に薄めます。それを砥面以外の５面に刷毛で塗ります。２～３日間乾かして、また同じように塗ります。それを数回繰り返します。回数は何回でもかまいません。３回でも４回、５回、６回、７回でもいいです。

カシューを２回ほど塗り、３回目にティッシュペーパーなどを表面にくっつけ、その上からカシューで塗り固めて乾かし、４回目、５回目はカシューのみという作業をすると、さらに割れに強くなります。

第3章
研ぎの知識

●包丁の刃付け

鍛造(たんぞう)した包丁に刃をつけていく作業。包丁は仕上げまで数多くの工程をへて研がれ、磨かれます。

円砥とよばれる回転砥石での白鋼の刃引き*。白鋼は写真のように火花が出ますが、青鋼はほとんど出ません。

*刃線を整える作業。

木砥で目通し***をしているところ。

***木製の回転式の木砥で、キメ細かな仕上げ目を入れることを目通しといいます。目通しをすると、刃がおち着いた光沢になります。

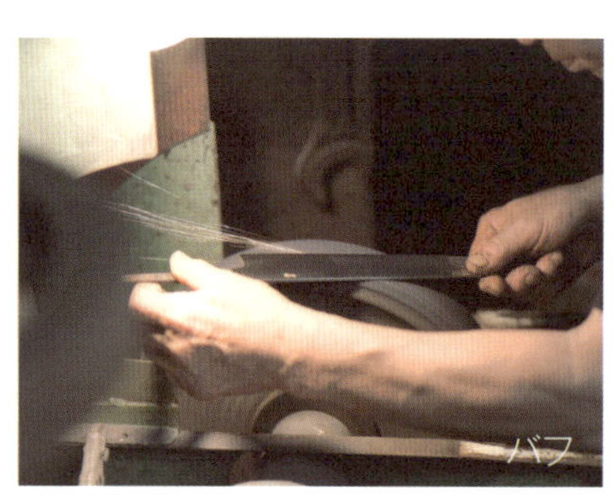

目の粗い円砥で刃の形を整えたのち、包丁を逆さまにして、平のバフ当て**をしているところです。青鋼ですが、軟鉄を当たっているので、少し火花が出ています。

**目をさらに細かくし、光沢を出す作業。

森本光一氏
(森本刃物製作所)

伝統工芸士。卓越した技能者におくられる「現代の名工」に選ばれる。堺打刃物伝統工芸士会理事。第50回日本キワニス文化賞受賞。2016年黄綬褒章受章。

“切れる”とは

“切れる”と一口でいっても、その感じ方、考え方は人それぞれです。家庭料理のように、ただ切れればいいと考えるのか、玉葱をみじん切りにするときに、玉葱から水分を出さずに切れるくらいの切れ味がほしいのか、魚の三枚おろしで魚の皮が抵抗なく切ることができればいいのか、トマトがスパッと切れたらいいのか。また切り口なんて関係なく、極端な話、別にのこぎりで食材を切っても、切れているのだからそれでいいじゃないか、と考えるのかなどなど。

極端な話をしましたが“切れる”に対する考え方は、どれが一番いい、というのはありません。結局は、人それぞれの好みが一番になってきます。つまり、正しい切れ味、正しい切り口、正しい切れ方などの決まりはなく、皆さんが“切れる”に対してどこまで求めているか、それに尽きるのです。

切れる刃先

切れる刃というのは、簡単にいうと、刃先がとがっているのです。そんなこと当たりまえ、と思われるかもしれませんが、意外にこれを頭で理解していない人が多いのです。

とにかく刃先を薄くすれば切れるのだ、と誤解している人がいますが、刃先は厚くても包丁は切れます。たとえば、割れたガラスで指を切った経験はありませんか？　割れたガラスは別にカミソリのように薄いわけではありません。たとえ直角だとしても、ピシッと、とがっているのでよく切れるのです。

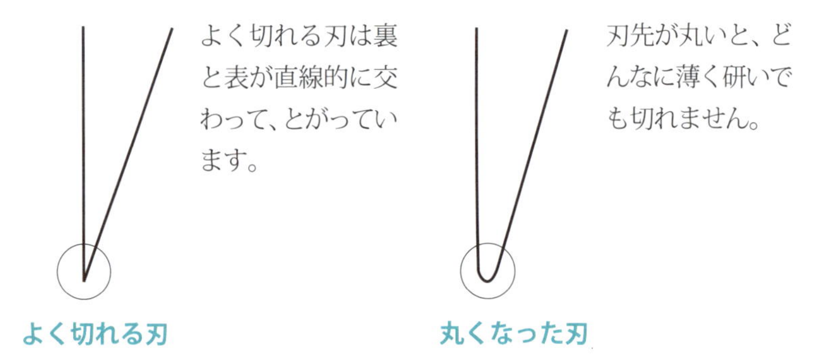

刃の角度と切れ味

皆さんが普段使っている包丁はどのような形をしていますか？

和包丁（片刃包丁）に関していいますと、しのぎから刃先までの幅（切刃の幅）の違いだけでも切れ味、強度は変わります。

切刃の幅が狭いと、刃先の角度は鈍角になります。刃先が鈍角であると刃こぼれしにくく、とても強度が高くなります。一方、刃先が鋭角ならば、とても鋭利な刃になります。そのかわり強度が下がり、刃がこぼれやすくなります。カミソリは鋭利な刃先の代表例でしょう。

新品の出刃包丁でたとえると、骨をたたく刃元の切刃は幅が少し狭くなっていて、さばきに使う先のほうは切刃が少し広くなっています。切刃の幅一つをとっても、なんとなくつくっているのではなくて、実は深い意味があったのですね。

ちなみに、刺身包丁は切れ味を求める包丁なので、切刃が幅広

●切刃の幅

幅が狭い

鈍角

幅が広い

鋭角

切刃（しのぎから刃先まで）の幅が違うと、刃の角度と強度に違いが出ます。

●みねの厚さ

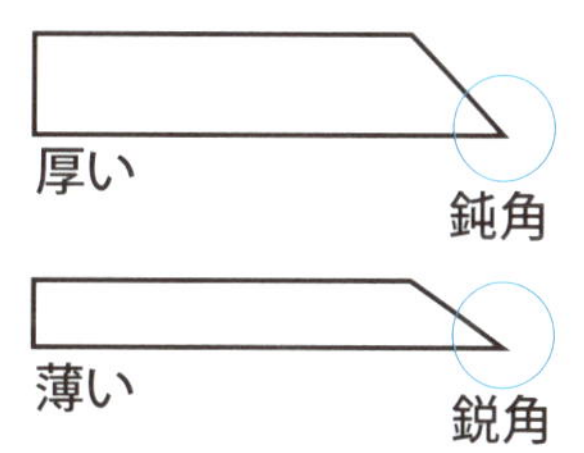

切刃の幅が同じでも、みねの厚さによって、刃先の角度に違いが出ます。

く、刃先が薄くなっています。

刃の角度は切刃の幅だけでなく、みねの厚さでも変わってきます(→57頁)。たとえば強度を求める本出刃包丁は、みね自体がかなり厚くできています。

切れ止む

せっかく高いお金を出して買った包丁も、意外と早く切れなくなってしまいます。できることなら、一生切れ味を保ってほしいものですね。しかし、残念ながらそのような包丁はどこにもありません。

それでは根本的に、なぜ包丁は切れなくなっていくのでしょうか。答えは簡単です。それは"刃先の磨耗"が生じるからです。骨をたたいたり、野菜を切ったり、肉を切ったりすることによって、とがっていた刃先が磨耗して丸くなってしまうから、切れ味が鈍ってくるのです(といっても顕微鏡で見る次元の話ですが)。

また切るときには必ずまな板を使います。そのまな板に包丁が当たるときにも刃先は磨耗します。とくに最近よく使われるプラスチックのまな板は、実は刃先にとってあまりよくないのです。刃先には、木製のまな板のほうがやさしいのですが、衛生的な観点から保健所の方もすすめていません。

研ぎのいろいろ

包丁を研ぐと一言でいっても、実際は砥石で研いでいるばかりとは限りません。研ぎ棒という棒状のものでシャッシャッとやったり、茶碗の裏側で研いだり、いろいろな手段があります。

しかし砥石以外のもので研いだとき、切れ味の持続性がまったくないのは確かです。そのときだけ、切れる刃がついているような気になっているだけです。

研ぎに対して横着すると、刃先がボロボロになるだけで、ろくな事はありません。

たとえば研ぎ棒というのは、"包丁についた脂を取るためのもの"とよく説明されます。しかし実際はそれだけではないのです。ヤスリ状になった面に対して、刃を立ててこすっているため、刃がつくのです。

しかしこれは厳密にいうと、極端な２段刃(→77頁)であります。しかも刃を立てるとき、毎回同じ角度にしてこするのは、とうてい無理な話で、どうしても微妙に角度が狂ってしまうため、刃先は一応そろって刃がつきますが、なんともいえない丸っ刃になってしまうのです。刃こぼれはしにくいが、切れ味は長持ちせず、その場しのぎの刃になってしまいます。"百害あって一利だけある"って感じですか。

日本の砥石は世界に誇れるものです。このすばらしい砥石があったからこそ、世界に誇れる日本刀が生まれたといっても過言ではありません。包丁を大切にしたい、切れ味をよくしたい、切れ味を持続させたい、と考える方は、和包丁であれ、洋包丁であれ、中華包丁であれ、砥石を使うべきです。

買ったばかりの包丁

新品の包丁というのは、実は100％の状態ではないのです。焼入れを終えた包丁に刃をつけていく際に、円砥とよばれる大きな回転砥石を使うのですが、丸い砥石を使うため、切刃にくぼみができてしまいます。そのくぼみを取りきらずに包丁を仕上げる事もあります。しかし天然砥石の粉末で切刃を磨いてきれいにしているので、一見して切刃のでこぼこはわかりません。

またきれいに磨いた切刃を汚さないように刃を立てて包丁を研ぐために、刃先が２段刃になっていることが多いのです。これは、小売店への輸送中に刃が欠けたり、包丁の扱いに不慣れな人が使って、すぐに刃が欠けるとクレームになるため、あえて刃先を２段にして厚くしているのです。

ですから買ったばかりの包丁はよく切れますが、切れ止むのも早いのです。しかも、この２段の状態を知らないために、刃先が砥石に当たらず、苦労した方も多いと思います。

新品の包丁を買ったなら、まずは一度、荒砥から研ぎを行なう事をおすすめします。切刃のでこぼこは毎日の研ぎで自然にいつか消えますが、２段になった刃先は最初にきちんと荒砥で研いで落としておくべきです。包丁を買ったお店で“本刃付け”といって、このやっかいな２段刃をなくしてくれるところもあります。

新品の包丁の切刃と刃先について書きましたが、裏刃もきちんと研がなければいけません。新品の包丁の裏刃はほとんどついていない事が多いのです。裏刃は平面に面直しをした中砥で研ぐといいでしょう。

洋包丁の形

洋包丁を生んだ国々は、日本のような砥石の文化ではなく、研ぎ棒の文化でした。研ぎ棒を使うと、手にケガをするおそれがあります。それを防ぐために、独特な形をした包丁もあります。

洋包丁の刃元には、ツバがついているのです(日本では、ほぼこのような形の洋包丁はつくっていませんが)。これがやっかい

研ぎ進めると刃線がＳ字に変形します。

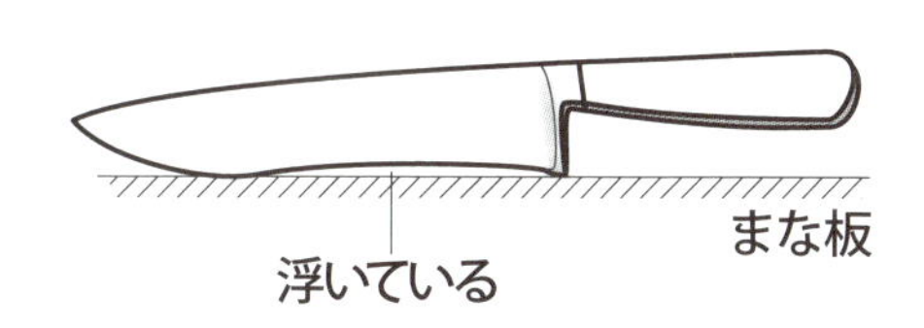

で、くせものなのです。研ぎ棒を使う分にはまったく問題はないのですが、砥石で研ぎすすめると、当然刃が小さくなってきます。すると、刃線がＳ字になってくるのです。

洋包丁の野菜の切り方は押し切りで、アールになった部分をまな板に当て、ここを軸にして刃をすべらせて押し切るのですが、刃元の部分は、包丁のツバがまな板に当たって刃先はまな板から浮き、物が切れない状態になります。

こうなると、包丁をプロの研ぎ屋に修理に出して、ツバを削って取ってもらうか、新品の包丁に買い換えるしかありません。

研ぎの基本的な考え方

たとえ話をしてみましょう。木の皮をむいただけの丸太があるとします。それを研磨してツヤツヤの丸太にしようとしています。この丸太を、目の細かい紙やすりでこすっても、紙やすりは丸太に負けてすぐに粒子がなくなってしまいます。いつかはツルツルになるとしても、いきなり目の細かい紙やすりで研磨すると、何ヵ月もかかり、紙やすりは何百枚も必要になってしまいます。

そこで、紙やすりを使う前にまず、目のとても粗いやすりでガリガリと表面を削ります。そしてもう少し目の細かいやすりで削ってみます。徐々に目を細かくしていって、最終的に目の細かい紙やすりで表面を研磨してツルツルにするのです。こうすると、時間も労力もかなり節約でき、とても効率的です。

このりくつが研ぎの基本的な考え方です。丸くなった刃先を研磨してとがらせるには、いきなり目の細かい仕上砥石を使うよりも、まず目の粗い荒砥で研いだほうが早いのです。そして、徐々に目を細かくしていって、最終的に、仕上砥石で研磨するのです。

和包丁の研ぎ方

図のように砥石に対して約45〜60度くらいに包丁をおき、刃先からしのぎまでベタッと砥石にくっつけます。そして、押すときに力を入れ、戻すときに力を抜く。この往復運動を繰り返して、切っ先から刃元までを一連の作業で研いでいきます。

その一連の作業では、包丁は左手で押さえた部分の刃が研げます。基本的に左手は薬指、中指、人差し指の３本で包丁を押さえますが、ここに親指を添えて研ぐと、押さえた部分が研げるので、

●包丁の角度

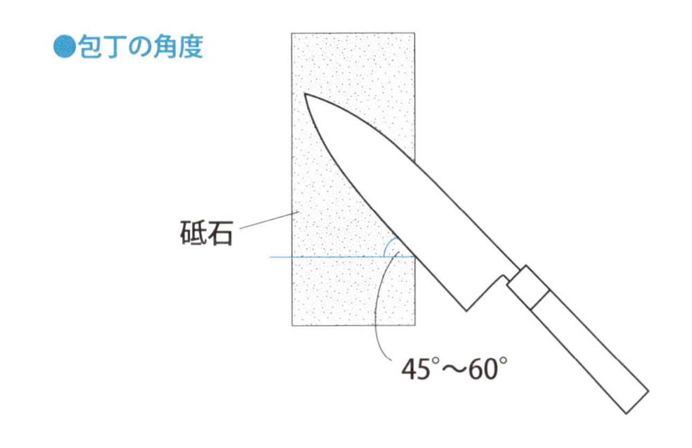

●左手の押さえ方

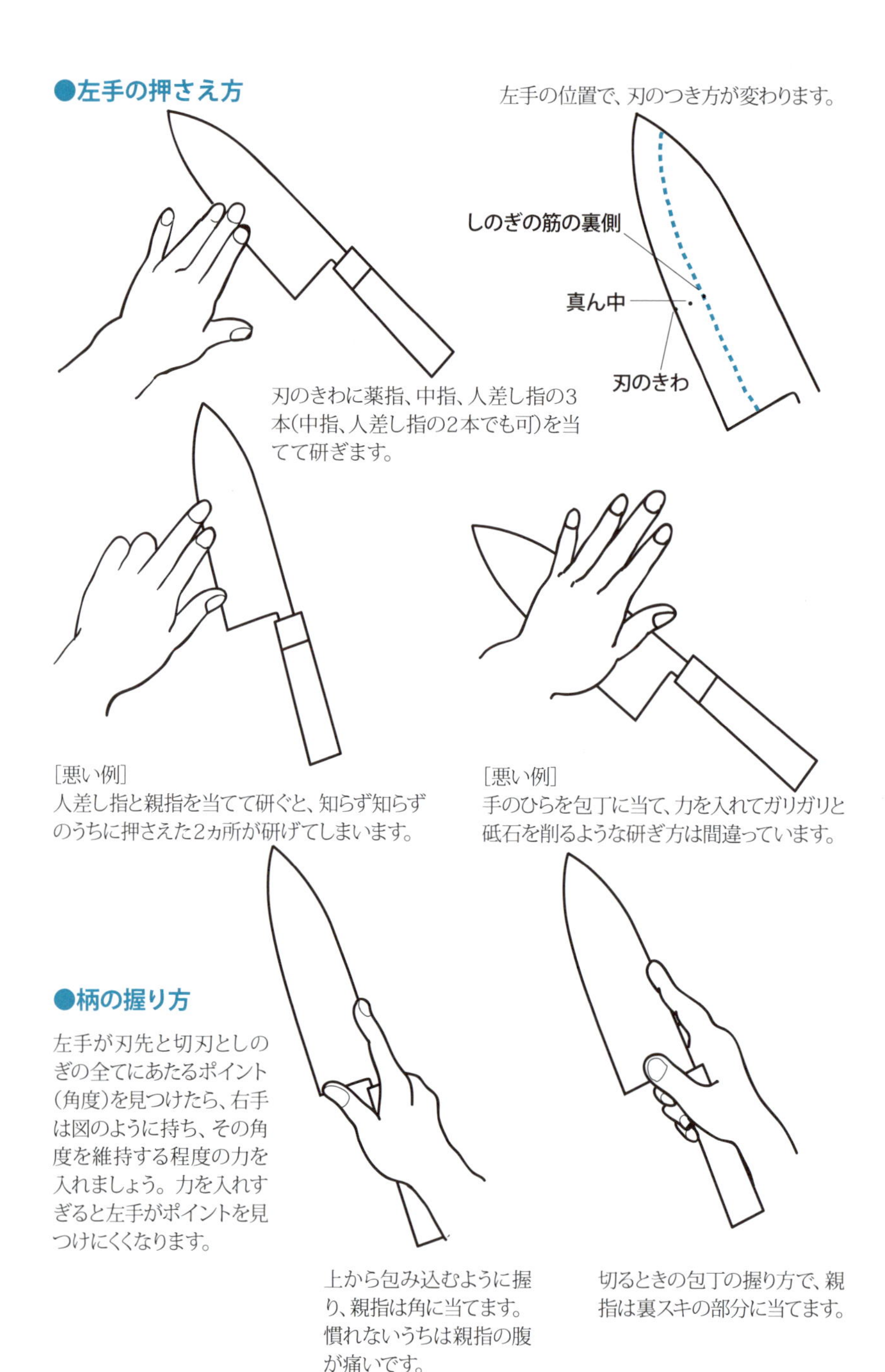

左手の位置で、刃のつき方が変わります。

刃のきわに薬指、中指、人差し指の3本(中指、人差し指の2本でも可)を当てて研ぎます。

[悪い例]
人差し指と親指を当てて研ぐと、知らず知らずのうちに押さえた2ヵ所が研げてしまいます。

[悪い例]
手のひらを包丁に当て、力を入れてガリガリと砥石を削るような研ぎ方は間違っています。

●柄の握り方

左手が刃先と切刃としのぎの全てにあたるポイント(角度)を見つけたら、右手は図のように持ち、その角度を維持する程度の力を入れましょう。力を入れすぎると左手がポイントを見つけにくくなります。

上から包み込むように握り、親指は角に当てます。慣れないうちは親指の腹が痛いです。

切るときの包丁の握り方で、親指は裏スキの部分に当てます。

研ぎむらができてしまいます。

また刃のきわを押さえると刃がつきます。刃のきわより少し上、切刃の真ん中の裏側を押さえると切刃全体が平らになります。ちょうどしのぎの筋の裏側を押さえると、しのぎの角が立ちます。

包丁を研ぐというのは、砥石を削りながら研ぐのではなく、砥石から出た砥汁で研ぐという事です。だから、力はいりません。軽くソフトに研ぐのです。

“研ぎは男よりも女のほうがうまい”。研ぎに関してこんなふうにいわれるとことがあります。これは、男はつい力で砥ごうとしてしまいますが、女はもともと力がないので、結局いい具合の力加減になるという意味です。

さて、研ぐときのストロークについてですが、慣れるまでは短めにとる事をおすすめします。ストロークが長いと、包丁を手前から向こうにストロークするとき、最後まで平行に動かす事が難しいため、どうしても軽くしゃくるような動きになって、刃が丸くなってしまいます（しゃくり研ぎ→99頁）。

そうならないように、ストローク自体を短めにして、確実に、正確に砥面に包丁が当たるように心掛けるといいと思います。

砥石に対する包丁の角度ですが、直角に包丁を構えると、しのぎの筋が上がって切刃が広くなってしまいます。逆に平行になるくらい縦に包丁を構えると、研磨力が上がりません。バランスよく研ぐには、先に説明した角度が一番よいと思います。

左手の動かし方

左手は一ヵ所に固定して30回も40回も研ぐのではなくて、何ストロークかの間に、切っ先から刃元に向かって、そして刃元から切っ先に向かって、なめらかに包丁の上をすべらせるように動かします。

右手で包丁を前後に動かしつつ左手をスーッと流れるように動かす(切っ先から刃元のほうに)事は、最初はとても難しいです。まずはゆっくりとした速度で動かしましょう。

左手を一ヵ所に固定せずに全体をまんべんなく研ぐと、研ぎむらがなく、包丁全体が均一に減ってきます。ですから、右の図のような形にはなりません。

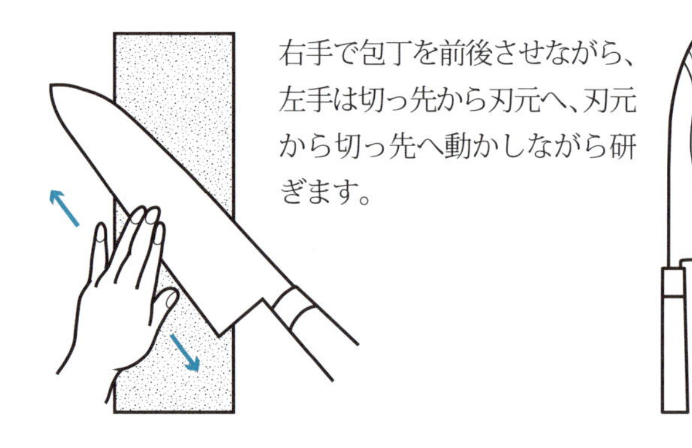

カエリとは

しばらく研ぎ続けていると、刃先の裏のほうに向かって、ささくれみたいなものが出てきます。これがカエリです。

実はこのカエリは包丁の刃先がとがったという合図で、このカエリが出ないと切れる刃がつきません。このカエリが出たら、いま使っている粗さの砥石での研ぎは終了です。それ以上研ぎを続けても、後はむだに包丁が減っていくだけです。

当然カエリは切っ先から刃元まで出ないといけません。切っ先はカエリが出たけど、刃の真ん中はカエリがなかなか出ないというようなムラがあるときは、そのカエリが出ない部分の刃先や、切刃自体が肉厚になっている可能性があるので、その余計な“ニク”を荒砥で取る必要があります。このときも、研ぎすぎると、刃線がガタガタになる危険があるので要注意です。

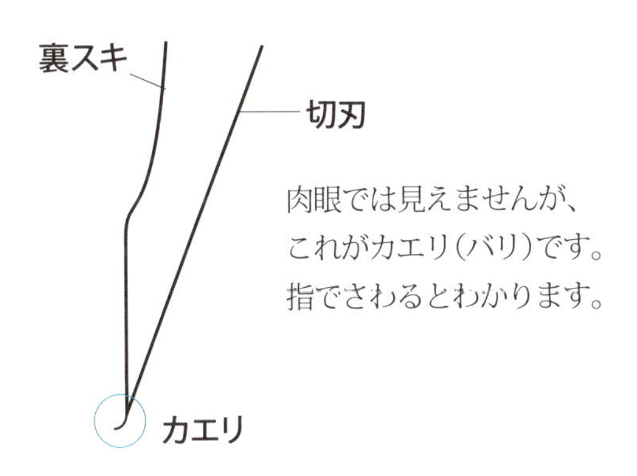

裏押し

刃先にカエリが出たままでは、研ぎは未完成です。刃先はまだ切り口を探し出せない状態にあります。カエリを落としてはじめて、とがった刃先になります。このカエリは裏押しという研ぎ方で取ります。

裏押しは、真っ平らな仕上砥で行ないます。砥石がくぼんでいると、裏押ししてできた裏刃がガタガタになります。両刃になってしまう危険もあります。裏刃は刃の基準面になるので、砥石は必ず真っ平らなものを使いましょう。

裏押しのやり方は、包丁の裏側を砥石に対して直角に、そしてベタッと砥石にくっつけます。左手は刃先の上におきます。右手で柄を握り、親指を包丁のみねに当てます。そして、そのまま表を研いだように切っ先から刃元に向かって順に押します。包丁を引いても構いませんが、押したほうがきれいな裏刃がつき、

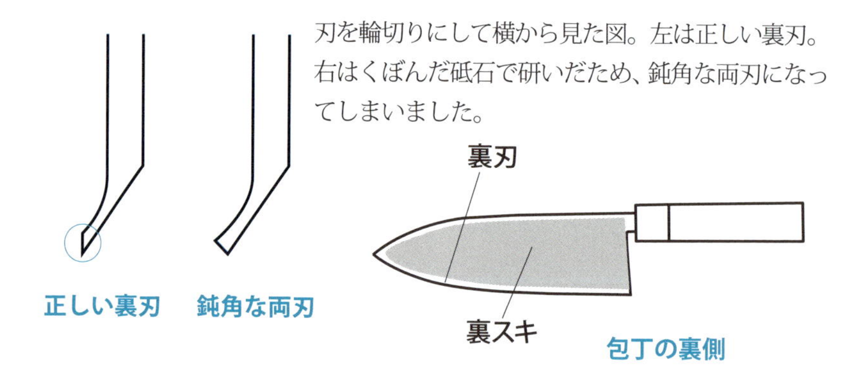

刃を輪切りにして横から見た図。左は正しい裏刃。右はくぼんだ砥石で研いだため、鈍角な両刃になってしまいました。

早くカエリが取れます。

この状態で通常、研ぎは終わりですが、カエリが取りきれないこともあります。そのようなときは、新聞紙に刃を当てて軽くなでると、きれいにカエリが取れます。

刃こぼれを直したり、何日も研ぎ続けていると、包丁は微妙に小さくなってきます。すると、裏刃の幅も当然狭くなってきます。新品の包丁の裏刃の幅はもともと狭いです。裏刃が狭くなってくると、刃こぼれもしやすくなります。

このようなときは裏刃の幅を広くする必要があります。2mmくらいの幅が適正なのですが、仕上砥では目が細かいので、いくら研いでもなかなか幅は広がってくれません。

効率よく幅を広げるには、中砥で裏押しをすることです。すると、あっという間に幅は広がると思います。そして、そのままではキメが粗いので、仕上砥でもう一度裏押しをします。

●裏押しのし方

裏側を砥石に当てて、
向こうに押して研ぎます。

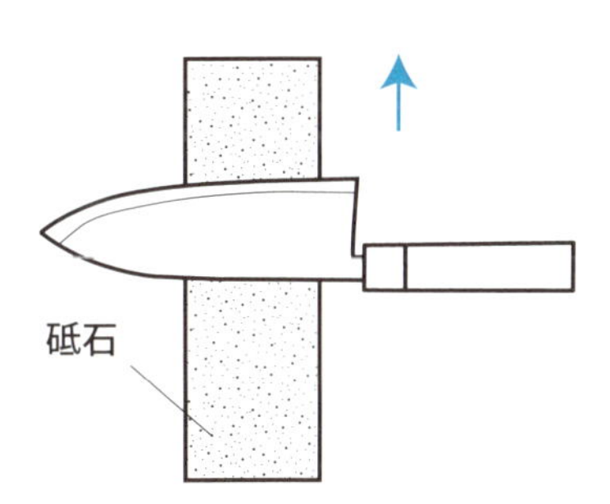

裏刃がかなり狭くなってきたら、中砥を使って裏押しし、少し幅を広げます。

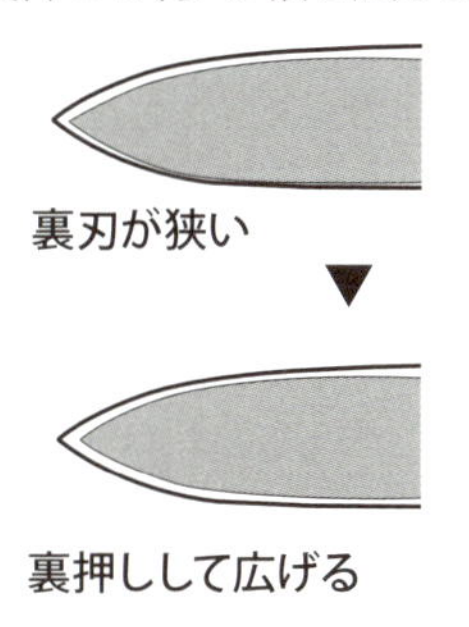

アールの切刃

包丁の形がアール(曲がり・丸みのこと)になっている以上、切刃は反った形になっています。

たとえば出刃包丁では、Aの切刃の部分をベタッと砥石にくっつけると、Bの切刃の部分は砥石から浮いています。

しかも、アールの切刃はなだらかに反っているために、アールの切刃全面が一度に砥石に当たる事もありません。

切刃は右頁下のように砥石に当たります。切っ先を砥石に当てると、包丁の柄は高くもち上がり、徐々に刃元に向かっていくにつれ、包丁の柄は下がっていきます。

最初はアールの切刃を砥石に当てる感覚がわからないかもしれません。正確に当てないと、刃線の形がゆがんだり、しのぎのラインが狂ってしまいます。また刃先が鈍角になってしまいます。

そこで、感覚をつかむための練習方法を考えました。まず、アールになっていない部分の切刃を砥石に当てて、左指で刃を押さえたまま、右手を柄から離してみてください。これがこの部分の切刃がきちんと砥石に当たっている角度です。これは誰にでもできる簡単な事です。

次に、アールがついた部分の切刃を砥石に当てて、先ほどと同じように、切刃が砥石にぴったりくっついて包丁がぐらつかなく

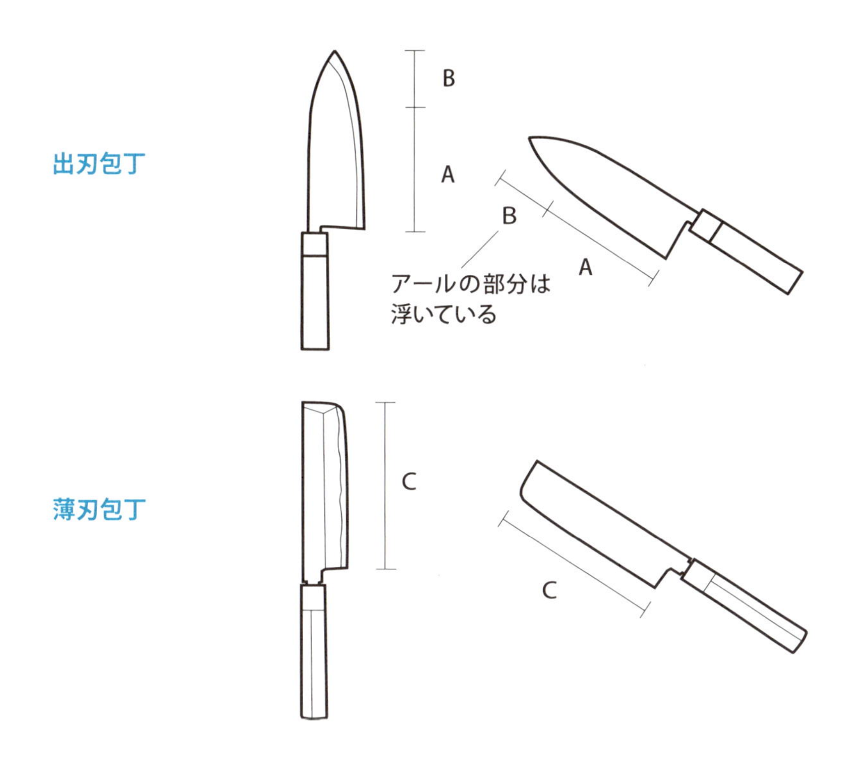

●実際に砥石に当たっている切刃の部分

アールとよばれるカーブした部分は、刃の角度が違うので下図右で示したようにベタッと砥石に当てられません。

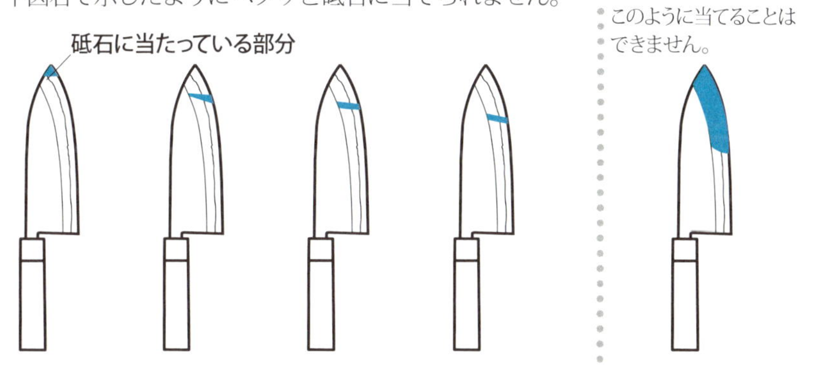

●の部分を砥石に当てたときの包丁を横から見た図。どこを当てるかで、砥石と包丁の間にできる隙間の位置と幅が変わり、持ち上がる柄の角度も変わってきます。この感覚を覚える練習をしましょう。

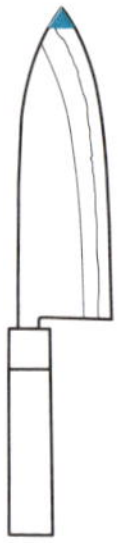

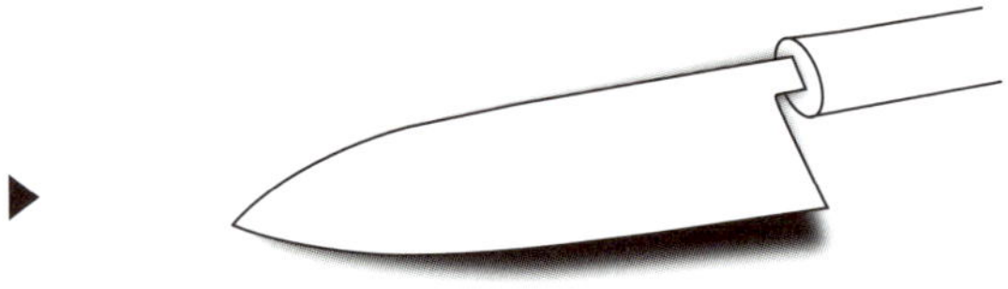

砥石に当てる位置を切っ先のほうから、
次第に刃元のほうにずらすと、
刃元側にできた影（すき間）は少しずつ小さくなり、
アール側にできた影は少しずつ大きくなります。

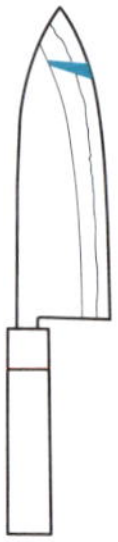

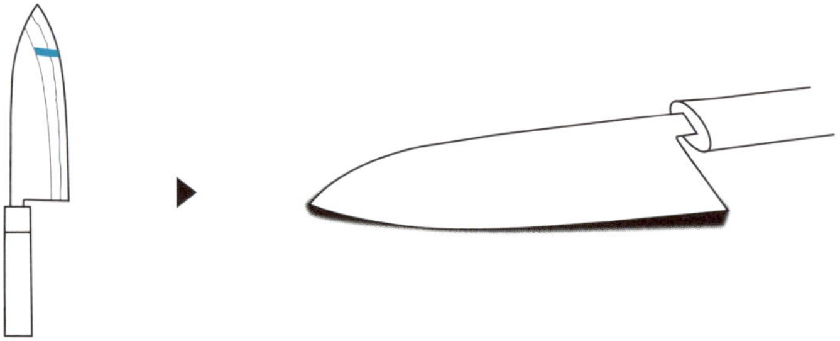

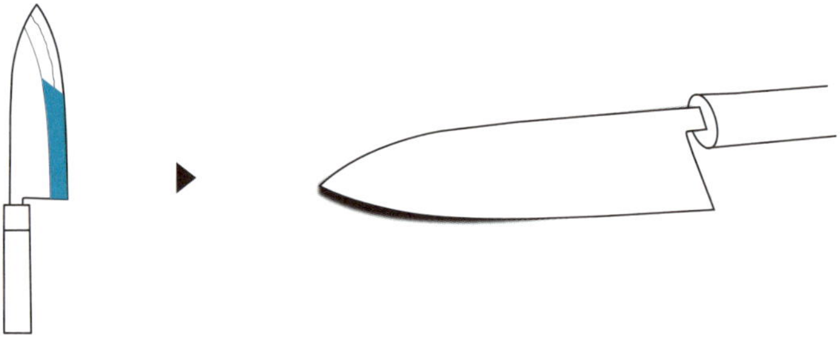

なったら、右手を柄から離してみてください。

信じられないかもしれませんが、それが、アールがついた部分の切刃が砥石に当たる正しい角度なのです。柄は高くもち上がっています。その感覚を覚えてほしいのです。同様にアールのいろいろな部分で試してみてください。

厳密にいうと、同じ角度に見える出刃包丁のＡや薄刃包丁のＣの切刃（→71頁）でも、刃の角度は微妙に違います。物をきれいに切るには、切刃全体を使って、掛かり（切り始め）、走り（切っている最中）、抜け（切り終り）をなめらかに行なわなければなりません。このために刃元から切っ先に向かって、鈍角から鋭角にわずかに角度を変えています。“和包丁は引いて切るもの”という言葉がありますが、この構造があるからこそ、引いて切れるのです。

このように角度の変化をつけて研ぐのは、大変むずかしいのですが、アールの正しい角度を感じとれるようになれば、真っ直ぐの部分の微妙な角度の違いにも気づくことができるでしょう。

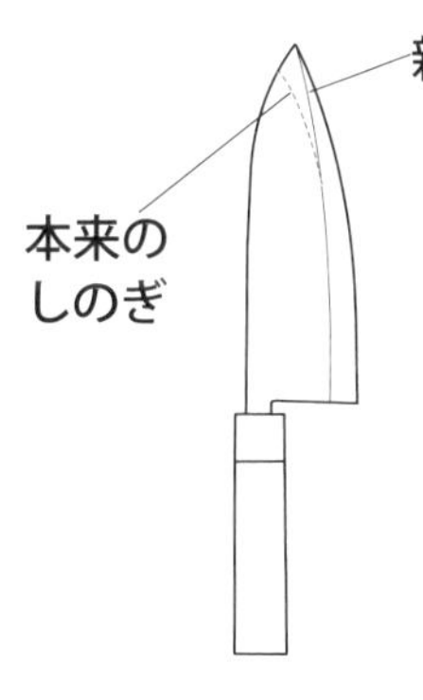

アールの切刃をまったく意識せず、
しのぎをかなり浮かせて、
刃先近辺にしか砥石が当たっていない状態で
ずっと研ぎ進めると、
切刃の幅が狭くなって鈍角になります。

鋼と地鉄(軟鉄)

私たちが普段使っている包丁は、ほとんどが霞包丁でしょう。霞とは地鉄と鋼を貼り合わせた包丁です。そして砥ぐ際、この二つの関係を知らないために、とんでもない事になってしまう人もいます。

地鉄は鋼よりも柔らかいのです。砥石に刃先からしのぎまでベタッとくっつけると、当然鋼の部分と地鉄の部分が同時に砥石に当たります。

つまり、気がつくと柔らかい地鉄ばかり減っていて、切刃の幅が広がって刃が薄くなり、包丁の強度が弱くなってしまうという、おそろしい事がおこってしまいます。だから、あまりしのぎ近辺ばかりを押さえて研ぎすぎないように注意しましょう。

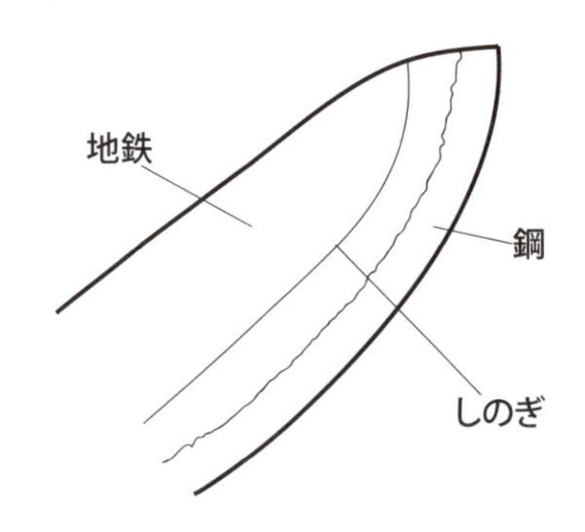

●霞包丁の構造

霞包丁は鋼に地鉄を貼り付けているので、研ぎすすめると柔らかい地鉄が減って、切刃の幅が広くなるおそれがあります。

小刃合わせ

包丁はキンキンに刃先をとがらせると、刃こぼれのリスクが高くなります。そこで小刃合わせという技を使うと刃先の強度が上がり、刃こぼれしにくくなります。そのうえ切れ味の持続性も上がります。

このように、小刃合わせはすごい技なのですが、残念ながら欠点がありまして、刃先が鈍角になるために、切れ味が若干おちるのです。

切れ味を求めると刃の強度が下がり、強い刃に仕上げると切れ味を犠牲にしなければなりません。究極の切れ味があり、刃も強いという包丁は、残念ながらないのです。なかなかうまい具合にはいかないものです。しかし、この小刃合わせの技は習得して損はないと思います。むしろ大いに活用してほしいくらいです。

実際の小刃合わせのやり方はとても簡単です。刃を少し立て

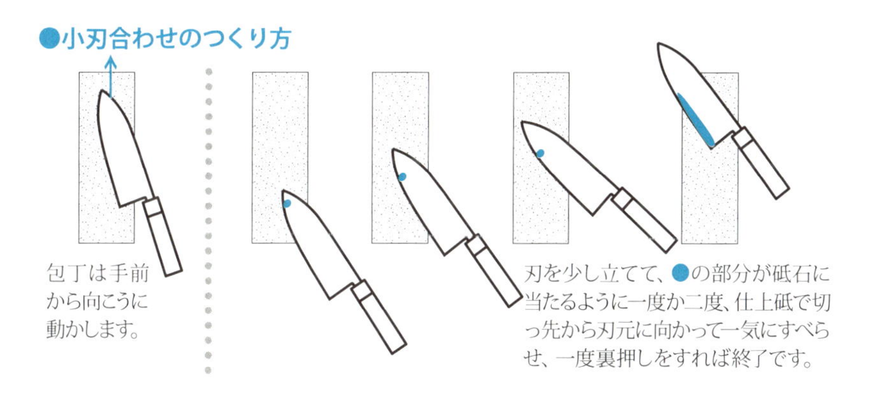

て、一度か二度仕上砥石で切っ先から刃元に向かって一気にシューッとすべらせるのです。そして一度だけ裏押しをして終了です。ほんの少しだけ２段刃になりますが、次回の研ぎで簡単に消せる程度なので、心配はいりません。

しかし、荒砥や中砥で小刃合わせをしたり、10回も20回もストロークをしてしまうと、そのときは切れ味は鋭くなりますが、極端な２段刃になり、次回の研ぎでその２段を削るのが大変な作業になります。

２段を削らずに刃をつけようとすると、通常の研ぎでは刃先に砥石が当たりません。そこで安易に小刃合わせをしてしまいます。そんな事を繰り返していくと、１ヵ月後には、刃先は手におえないくらいの丸刃になってしまいます。

小刃合わせをすると、ほんの５秒ほどで刃がついてしまうため、魔法のように感じますが、あくまでも本来の小刃合わせの意味を忘れずに、乱用しないほうがいいです。

●刃の角度

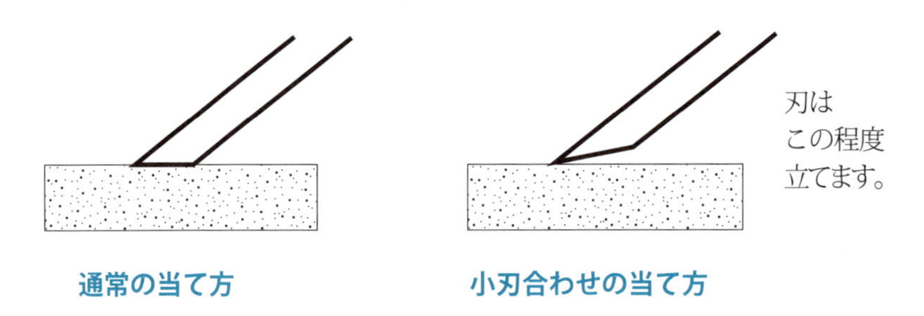

２段刃と３段刃

刃先が鋭利な包丁は、切れ味がとてもすばらしいです。しかし、刃物の用途によって、切れ味よりも強度を優先したい場合があります。そんなときには２段刃をつくります。一直線の切刃に角度をつけるのです。

こうする事によって、刃先が鈍角になり、刃の強度が上がります。一般的には出刃包丁の刃元を２段にします。

出刃包丁は、アールのあたりは魚をおろす「さばき用」、刃元は骨をたたき割る「たたき用」として使われるため、さばき用には鋭利な刃に、たたき用には鈍角な刃に研ぎます。

しかし、実際に現場では、人それぞれ刃物に求めるものは違ってきますので、一概に２段刃にするのは刃元だけとはいえません。刃全体を２段につくっている人も、なかにはいます。

またさらに刃を強くするという事で、３段刃にする人もいま

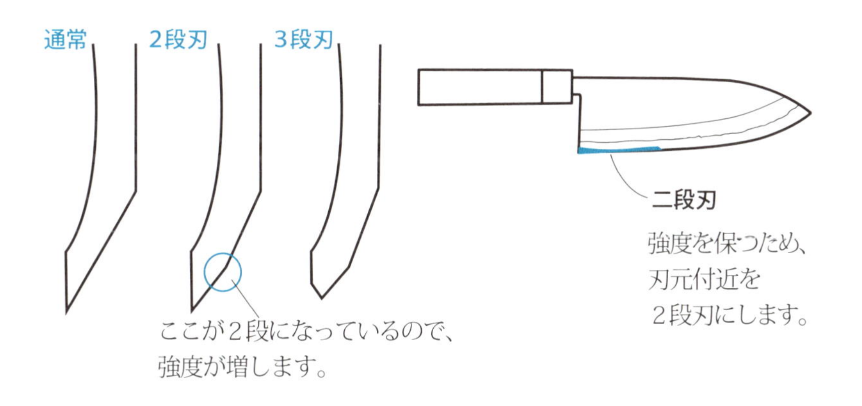

す。これも一般的には出刃包丁の刃元につくります。

３段刃のつくり方は、まず表を２段に研ぎ、裏押しの際にも刃を少し浮かして２段にします。

裏刃の２段、つまり３段刃は研ぐというよりも、小刃合わせ的なものと考えて、１、２回のストロークで十分です。

一度裏を２段に研いでしまうと、次回の研ぎでもまったく同じ角度か、もしくはそれよりもきつい角度で研がないと、刃がつきません。つまり刃先がとがらないのです。そうすると、裏の刃がどんどん鈍角になる危険があり、片刃でなく両刃になってしまいます。

かといって、荒砥や中砥で平面に戻そうとすると、裏刃がどんどん広がり、包丁の寿命自体を縮めてしまいます。ですから私としては、裏の２段刃、つまり３段刃はあまりおすすめできません。

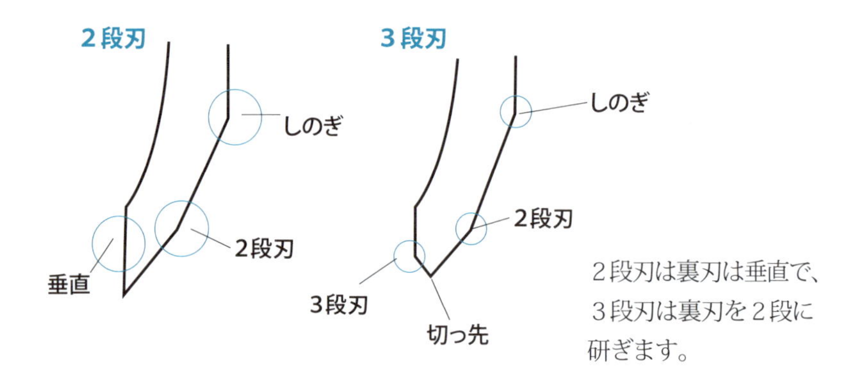

２段刃は裏刃は垂直で、３段刃は裏刃を２段に研ぎます。

ハマグリ刃について

ハマグリ刃とは、切刃の断面がハマグリの殻のようにゆるやかなカーブを描いているものです。その代表例は日本刀です。日本刀の刃はよく切れ、切れ味が長持ちします。とても魅力的で実用的な刃です。

しかし、この研ぎ方は、はっきりいって研ぎの初心者にはおすすめできません。なぜなら、ハマグリ刃という形を維持して何ヵ月も研ぎ続ける事は大変難しいからです。

まず、包丁の形をくずさずに正確に研げ、思ったように刃をつける事ができて、小さく刃こぼれした刃なら自分で直せるくらいに上達したら、チャレンジしてみてください。

●ハマグリ刃の形

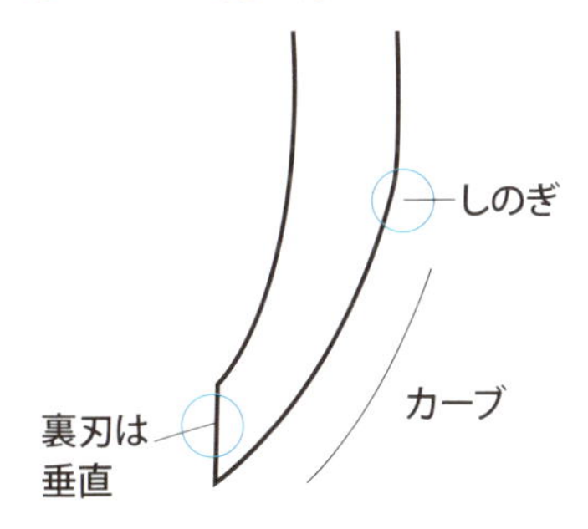

切刃の断面が
ハマグリのようなカーブを
描いているので、
この名がつきました。

ハマグリ刃のつくり方

まずは磨耗した刃を荒砥で研ぎます。通常通りに研ぎますが、ポイントはカエリを出さなくてもいいという事です。刃先を薄くするだけでいいのです。

次に、砥石を中砥に変え、荒砥でできた傷を消します。このときもカエリは出さなくてもいいのです。

次に、ごくわずかだけ刃を浮かし、鋼の部分だけを仕上砥で研ぎます。このときにようやくカエリが出ます。

そのカエリを平らな仕上砥で裏押しして取ります。この時点では、ごくゆるやかな２段刃ができています。

その２段刃の段を仕上砥でなめらかにします。しかし、それはりくつ上の話であって、実際は切刃をベタッと砥石にくっつけ、左手は刃先ギリギリに当てるのではなく、段になっている部分に当てて研ぐと、自然にその余分な刃肉は取れます。

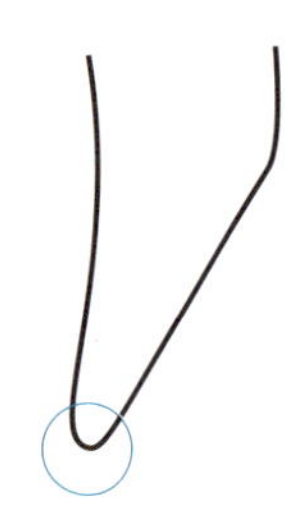

刃先が丸くなり、
磨耗した刃

●ハマグリ刃のつくり方

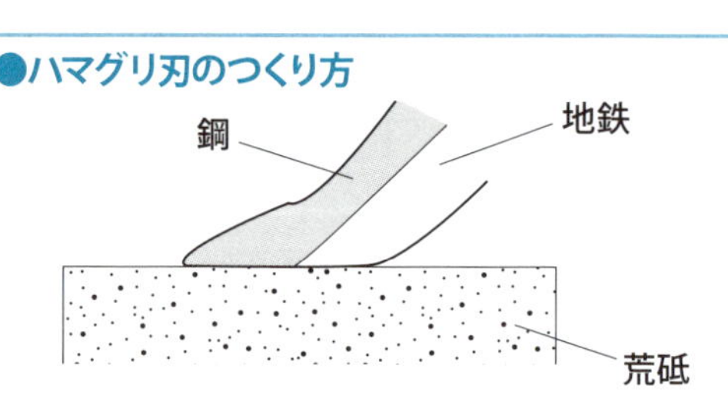

❶刃を荒砥で研いでいきます。
カエリは出しません。刃先が薄くなったら、
中砥で荒砥でできた傷を消します。

ここまでの工程は研ぎの中級者くらいであれば、慣れればできると思います。いままで切刃をベタッと砥石にくっつけた“ベタ研ぎ”をしていた人が、軽く刃を立てて研ぐとアッという間に刃がつき、よく切れるので、いままでの苦労はなんだったのだろう、と感じるかもしれません。

しかし、これがハマグリ刃の落とし穴で、きちんとしたハマグリ刃を維持する研ぎ方をしなければ、とんでもない事になります。

ハマグリ刃の維持の仕方

これから書く事を知らなければ、ハマグリ刃の包丁は１ヵ月も研ぎ続けていると、おそろしい丸刃になり、まったく切れ味の冴えない包丁になってしまう危険性があります。

それは荒砥の当て方にあります。荒砥や中砥に対する、いままでの考え方を少し変えなければなりません。

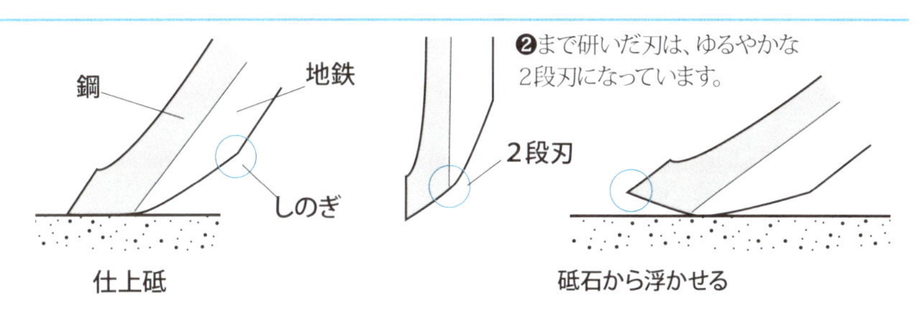

❷ごくわずかに刃を浮かし、
鋼の部分だけを仕上砥で研ぎます。

❸その２段になっている部分の刃肉を
仕上砥で取って、なめらかにします。

通常、荒砥は刃こぼれを直すもの、刃を出すためのもの、丸くなった刃先をとがらせるもので、中砥は荒砥のキメを細かくして、刃をつけるものなのです。しかしこのハマグリ刃に関しては、荒砥はカーブがきつくなってきて、大きくなった余分な刃肉を落とすものと考えてください。

毎日、軽く刃を立てて研いでいると、刃が減ってくるとともに刃先の角度も少しずつ鈍角になってきます。

このように鈍角になってしまった刃を、切れる刃に研ぐには、どうしても刃先の角度に合わせて砥石を当てないといけません。するとまたさらに鈍角になってしまいます。鈍角にしないように切刃の余分な肉を落とす必要があります。

つまり、きつくなってしまったカーブを元通りのゆるいカーブに修正するのです。

さて、荒砥の当て方ですが、余分な肉の部分にだけ当てられるとよいのですが、そこをねらってきっちりと当てる事はとても困

毎日刃を立てて研ぐと、
だんだん鈍角になります。

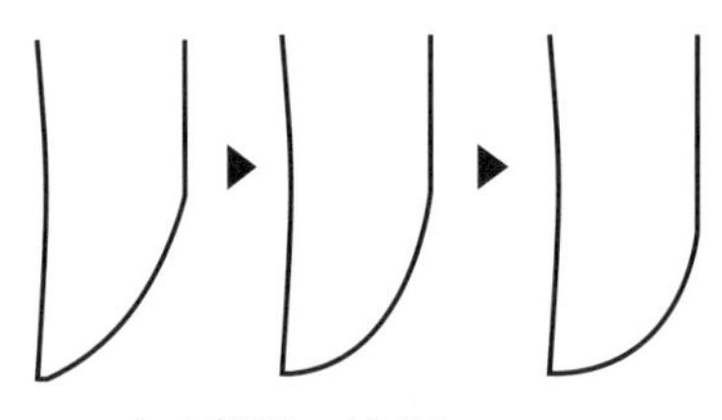

カーブがきつくなると
切れ味が悪くなります。

きつくなったカーブを
元に戻すために、
荒砥で刃肉を落とします。

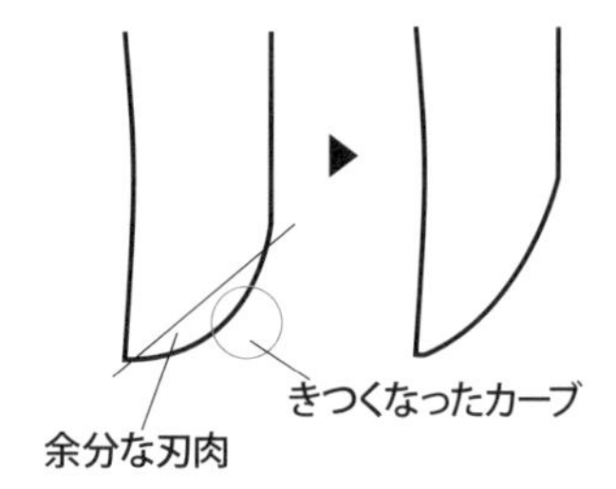

難です。

ですから刃を立てずにベタ研ぎ風に研ぐとよいと思います。研ぎながらときどき切刃を確認して、しのぎのラインを上げないように注意が必要です。このときは当然、砥石は刃先には当たりません。そして、もちろんカエリも出ません。

荒砥で元のカーブにまで修正できたら、次に荒砥でできた傷を中砥で消します。当然このときも砥石は刃先に当たらなくてもいいのです。これで通常のハマグリ刃の研ぎの工程に移行できます。ちなみに、中砥でハマグリ刃をつくると、さらに強い刃になります。

いままでハマグリ刃の修正の仕方、維持の仕方を書いてきましたが、本来は必要のない事です。ハマグリ刃のつくり方の項目で書きましたが、ゆるやかな２段刃をつくった後、段の部分の切刃にゆるやかなカーブをつくるときにしっかりと研いでいればいいことなのです。

しかしこれがなかなか辛い作業なのです。研いでも研いでも、それは段を取るための研ぎであって、刃をつけるための研ぎではないからです。現場の人間は研ぎになかなか時間をかける事ができないのが現状です。ついつい手を抜きがちになってしまいます（私だけかも…）。

たとえ手を抜いたとしても、何週間もほったらかしにせずに、たまには修正する事をおすすめします。

柳刃包丁のハマグリ刃

気づいている人もいると思いますが、柳刃包丁のしのぎは包丁の真ん中、刃先とみねの中間を通っています。

結論を先にいうと、柳刃包丁をハマグリ刃に研ぐとき、研ぎをすすめて包丁自体が小さくなってくると、あえてハマグリ刃をつくらなくてもいいのです。図で説明しましょう。

図のように❶❷❸と切刃が狭くなっているのに、同じカーブのハマグリ刃をつくっていると、AとCでは刃先の角度が全然違ってきます。Cの大きさの柳刃包丁をハマグリ刃にせずに研いだDとAでは刃先の角度はほとんど同じです。つまり、刃先の強度はあまり変わらないのです。

したがって刃の薄さ、切れ味を重視する柳刃包丁においては、包丁が小さくなるにつれて、ハマグリ刃のカーブの角度は少しずつゆるやかにしていったほうがいいのです。

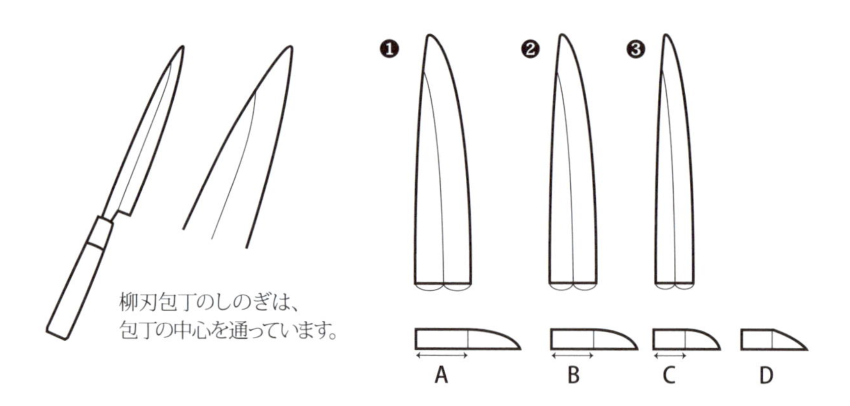

柳刃包丁のしのぎは、
包丁の中心を通っています。

刃こぼれの直し方

小さな刃こぼれは自分で十分に直せます。コツは荒砥や中砥で刃を45度くらいに立てて研ぐ事です。

この角度で研ぐと、みるみるうちに刃こぼれが消えていきます（刃こぼれの部分だけをねらわずに、刃全体の形を整えながら、刃こぼれを消すように気をつけましょう）。すると、おどろくほど大きなカエリが出ますが、裏押しをして取ります。

刃先はこの時点で極端な２段刃になっています。その２段刃は荒砥を使って削り落とせばいいのです。

少々手間はかかりますが、番手の粗い荒砥を使ってがんばって研いでみてください。

余計な部分が削り取れたら、そこでようやく中砥、仕上砥を使った通常の研ぎに戻れます。

しかし問題がありまして、このように刃こぼれを直していく

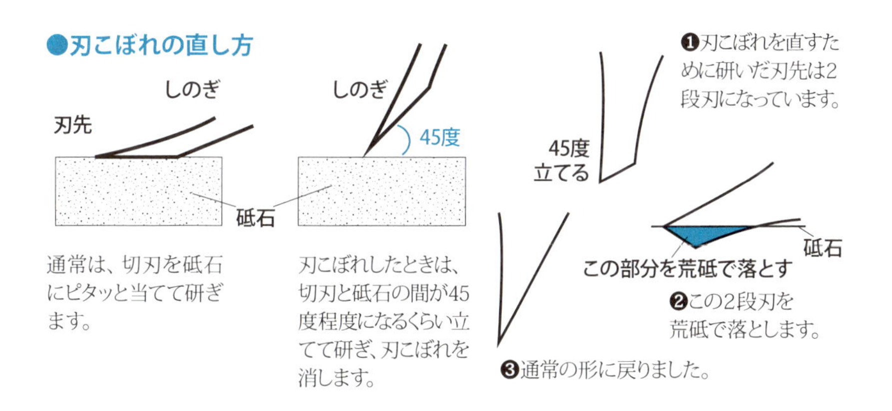

通常は、切刃を砥石にピタッと当てて研ぎます。

刃こぼれしたときは、切刃と砥石の間が45度程度になるくらい立てて研ぎ、刃こぼれを消します。

❶刃こぼれを直すために研いだ刃先は2段刃になっています。

❷この2段刃を荒砥で落とします。

❸通常の形に戻りました。

と、当然切刃が狭くなります。つまり、刃が鈍角になってしまうのです。これを防ぐためには、しのぎのライン自体を上にあげ、切刃の幅を維持する必要があります。

このときのコツですが、２段刃を取る前に、包丁自体を砥石に対して直角に構えて研ぐのです。そうすると、しのぎのラインが簡単に上がっていきます。

切っ先が折れてしまった場合の修理方法は少し特殊です。荒砥の裏面や側面を使って切っ先のみね側をこすります。切っ先の形がきれいになるまでこすり続けます。

切っ先が元通りになると、こすった切刃の部分にささくれみたいなものができます。

このままにしておくと、通常の研ぎで砥石を傷つけてしまいますし、また、手を傷つけるおそれもあるので、砥石の側面や裏面で軽くなぞってささくれを取ってから、通常の研ぎをする事をおすすめします。

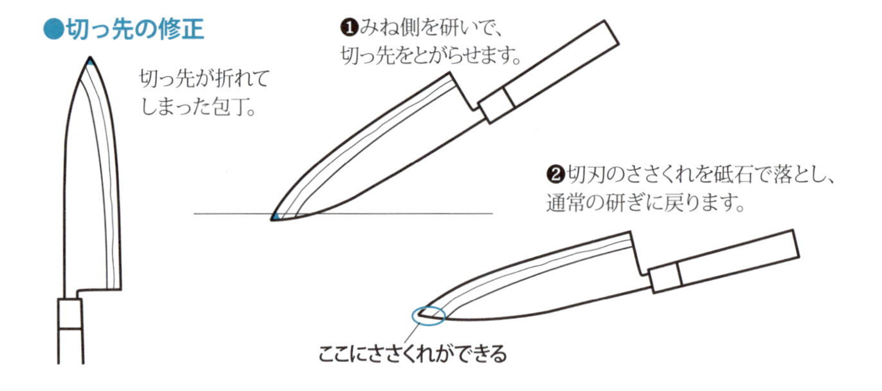

洋包丁と砥石

この項目を必要とする人は結構いらっしゃるのではないでしょうか。牛刀でマグロを解体する人もいますし、飲食店や家庭でもかなり洋包丁を使っているようです。

鋼の片刃の和包丁は切れ味に関しては抜群です。一方、両刃の洋包丁はステンレス系が多いので、サビづらく、柄に水が入り込まない構造になっていて、とても管理が楽なうえ、衛生的で合理的です。

また片刃の和包丁とは違い、物を真っ直ぐに切り下ろせるという利点もあります。さらに、包丁に粘りがあるので刃こぼれもしにくいのです。

そんな理由により、洋包丁を使う人はかなり多いと思います。

さて日本には砥石というものがあり、そして砥石で刃物を研ぐという文化があります。ですので片刃の包丁は砥石で研ぎやすい形になっています。切刃を砥石にくっつけるだけで自然に研ぐ角度が決まります。

一方、洋包丁がつくられた国には砥石という物がありません。研ぎ棒で刃をつけるので、和包丁のような独特な形にする必要がなかったのです。また刃は物を切るとき下の方向に力が入りますが、そのとき物は刃に密着します。切りながら物を押しのける力も加わると、とても切りやすくなります。そのために洋包丁の断面は、もともとハマグリ刃の形になっています(ハマグリ刃になっていないのもありますが)。とても合理的です。

しかし、そのような洋包丁を砥石で研ごうとするのですから、当然無理が生じます。はじめて洋包丁を研ぐとき、“どの角度で研ぐの？”と困った人はとても多いと思いますが、困って当然だと思います。

洋包丁の研ぎ方

まず砥石ですが、研磨力の高いものや、硬すぎない柔らかめのものを選ぶといいでしょう。研ぎ方は和包丁のハマグリ刃の研ぎ方と変わりませんので、和包丁の説明を飛ばしてこの文章を読んでいる人も、一見関係なさそうですが、すみませんがはじめから辛抱して読んでみてくださいね。読んでいただくとハマグリ刃の研ぎ方のりくつが分かっていただけると思います。

❶角度を決める

それでは具体的に洋包丁でのハマグリ刃のつくり方をお話ししましょう。

洋包丁と和包丁の大きな違いはしのぎがあるかないかです。洋包丁にはしのぎがありません。したがって一度自分でしのぎをつくるところから始めます。ここでしのぎという言い方をしていますが、和包丁のしのぎとは少し違い、“研ぎ幅”程度ととらえてください。

しのぎをつくるには、まず刃を砥石に当てる角度を決めなくてはなりません。「10円玉何枚分包丁を浮かす」とよくいわれますが、絶対的な決まりはありません。自分の好みでいいのです。

基本的に、刃を厚くする（鈍角にする）と刃こぼれに強くなります。薄くする（鋭角にする）と切れ味が上がります。しかし、薄すぎると物を押しのける力が少なくなりますので、切り込む力は弱くなります。また刃こぼれもしやすくなります。おそらくそのバランスのいいところをさぐった結果が10円玉の話になるのだろうと思います。

❷しのぎをつくる

自分なりに角度を決めたら研ぎ始めてみてください。必ずしのぎができます。注意しなければならないのは、包丁全体に刃先から同じ幅の位置にしのぎをつくる事です。

包丁を少し浮かせながら同じ角度で研ぎ続けるという感覚的な作業は、はじめは難しいと思いますが、少し研いでは、研いだ部分を確認する、という事を繰り返して慎重に研いでください。そして必ずカエリが出るまで研いでください。

❸ハマグリ刃にする

先程つくったしのぎのラインを研いで角を削ります。この作業は刃先に向かって包丁に丸みをつける作業なので、砥石は刃先には当たっていません。あくまでも好みですから、無理にハマグリ刃にしなくてもいいと思います。

❹洋包丁の裏側の研ぎ方

洋包丁の裏側は表側と同じ角度で研ぐといいです。表側と裏側を研ぐ比率ですが、これに関しても絶対的な決まりはありません。野菜などを切る場合は５：５でもいいと思います。

しかし、はじめから包丁の表側はハマグリの形状になっているのに、裏側は丸みがなく真っ直ぐで、刃もあまりついていないものがあります。

製造工程での話になりますが、両側からハマグリ刃をつくろうとすると、和包丁の倍の作業をしなくてはなりません。生産の面で効率が悪くなります。こういった包丁は５：５にする必要がなく、８：２や７：３でも十分です。

しかしこのような比率にすると、片刃のようになってしまい、真っ直ぐ切り下ろしにくくなるので、それを嫌うならば、裏側を研ぐ比率を増やせばいいと思います。

実際の研ぎでは、包丁を左手に持ち替えて、表側と同じような感覚でストロークするといいです。

第4章
包丁の管理

包丁の柄

包丁の柄(え)って、結構いろいろ種類があるものです。通常、和包丁の柄は木なのですが、これがどんな木でもいいかというと、そうはいかないのです。

包丁を使うと、当然水も使いますからね。水を吸ってすぐに腐ってしまうようでは使い物になりません。そこで、包丁の柄に使われる木は水に強いものが求められます。

一般的に価格の安いものから、朴(ほう)、櫟(いちい)、黒檀(こくたん)と並びます。価格が高くなるにつれ、水に強く、硬くなります。ほとんどの方が使っている柄は朴だと思います。

次に柄の端についている色のついたもの、口輪とよばれる部分にも、いろいろな種類があります。ステンレス、プラスチック、水牛の角、その他に実用的というよりも、趣味色のつよい銀、というのもあります。

一番実用的なのが水牛の角(つの)だと思います。水を使っているとよく締まり、より包丁の柄が抜けにくくなります。

ステンレスは締めつけが少しずつ弱まってくると、柄から少しずつ抜けてきて、指にケガをするおそれがあります。

プラスチックの口輪を使っている柄は質のよくない朴である事が多いようです。質のよくない朴は価格が安い分、どうしても寿命も短くなります。プロが使うレベルの包丁についている口輪と柄は水牛と朴が基本だと思います。

柄の形ですが、小判型、八角型、栗型がほとんどです。この形については、どれがいいといえるものではなく、使う人の好みで選べばいいと思います。

柄の交換

○柄をはずす

柄の交換についてですが、まず古い柄をはずさないといけません。普通は柄の口に適当な大きさの木板を当て、しっかりと口と木板を握って、ハンマーで木板の上をたたくと簡単にはずれます。

柄から包丁がはずれない場合は、包丁の刃渡りよりも長い木板を用意して床等でたたきます。それでも硬くて、柄がはずれなかったら、骨たたき専用の厚刃の包丁で柄をたたき割ります。

●柄のはずし方

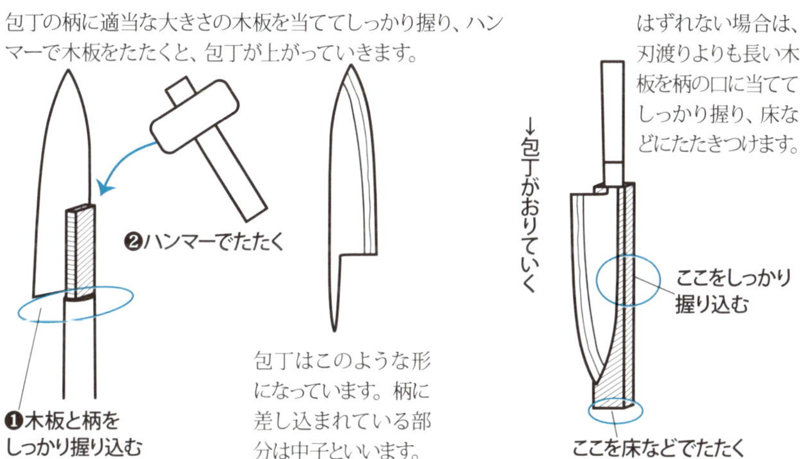

○包丁を差し込む

包丁の柄の穴は小さめにあけてあります。この穴に密着させるために包丁の中子(なかご)をカセットボンベ式ガスバーナーで熱します。刃の部分は絶対熱しないでください。切れ味が低下します。

中子が赤くなりキンキンに熱くなったら、柄の穴に差し込みます。押さえてもこれ以上入っていかないというところまで差し込んだら、下からハンマーでたたきます。そのとき、柄をクルクル回しながらたたくのがコツです。なぜなら、そうすると柄に対して、真っ直ぐに包丁が入っていくからです。

サビについて

包丁の材質は鋼以外にも各種そろっています。たとえばステンレスが有名ですが、この包丁はとにかく管理が楽なのです。たとえまな板の上に包丁を放置しておいたとしても、あるいは酸の強いレモンなどを切ったとしても、サビる事はほとんどありませ

●包丁の差し込み方

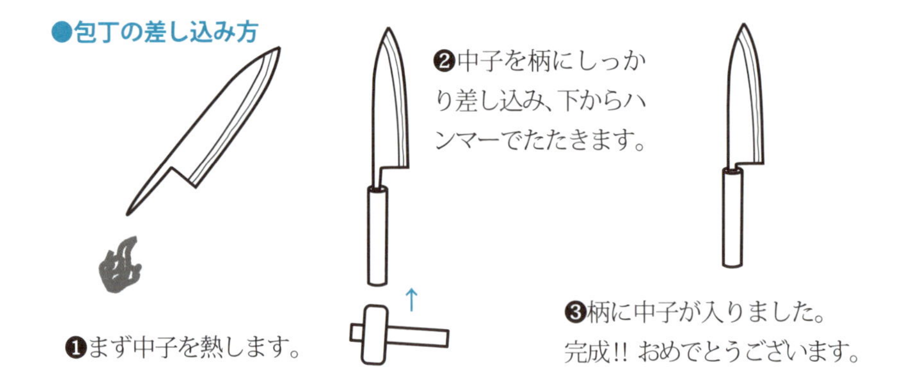

ん。

とても使い勝手のいい包丁なのですが、究極の切れ味を求めるなら、やはり鋼には勝てないと思います。鋼はよく切れるがサビやすい、という特徴がありますので、鋼の包丁を使う方はくれぐれもサビには注意してください。もし包丁がサビかけたり、黄ばんだりしたら、ホームセンターなどで"耐水ペーパー"を購入して磨くとピカピカになります。

しかし、気をつけているにもかかわらず、包丁にサビが発生する事もあり得ます。万が一、包丁の表側にサビが生じたとしても、毎日の通常の研ぎによってすぐに消す事ができます。しかし、裏側はそうはいきません。裏側は裏スキ(くぼみ)がありますので、砥石が当たらないのです。

そのサビを放ったらかしにしておくと、サビはどんどん深く根をはります。そうなると最後!!　サビを気にせずに普段通りに研ぎをすすめていくにつれ、包丁が小さくなり、刃線(刃先)がそのサビの位置までくると、欠けてしまいます。

そうならないためにも、万が一サビができたとしたら、すぐに"耐水ペーパー"でこすり取り、奥まで根がはらないように注意しましょう。

鋼の包丁の保管方法

包丁屋さんに並んでいる包丁をながめていると、たまに鏡のように光っている包丁があります。価格は少々高くなりますが、“鏡面仕上げ”といってとてもきれいです。しかもきれいなだけではなくて、水をよくはじくのでサビに強いのです。

しかし、鋼の包丁である以上、たとえ鏡面であってもサビには気をつけなくてはいけません。もちろん、鏡面でない包丁はなおさらです。そこで、サビがつかないように保管する方法をいくつか紹介したいと思います。

まずは、市販されているサビ止め剤を水に溶かし込み、そこに包丁をさしておく方法です。サビ止め剤には除菌効果を持っているものもあるので便利です。和包丁を当たり前のように使う厨房などではよく目にします。しかし、洋包丁をよく扱う厨房には、サビ止め剤を溶かし込んだ包丁さしを置く習慣がなく、邪魔になって他人に迷惑をかけてしまう事もあるので注意しなければなりません。

また包丁の水分をよくふき取り、新聞紙にくるんでおくという方法があります。このときの注意点ですが、水分を飛ばすために、刃を火であぶる人がいますが、これは刃の焼きが戻り、切れ味の低下をまねくおそれがあるので、おすすめできません。

新聞紙はどのようにくるんでもかまいませんが、ここではサヤのつくり方を紹介しましょう。

他にコンビニなどで売っている週刊の漫画本などに差し込む方法もあります。

要は、新聞や雑誌のインクの油分が、包丁のサビを防止しているのです。長期間にわたって保管する場合には、椿油を直接刃に塗るとより安心です。

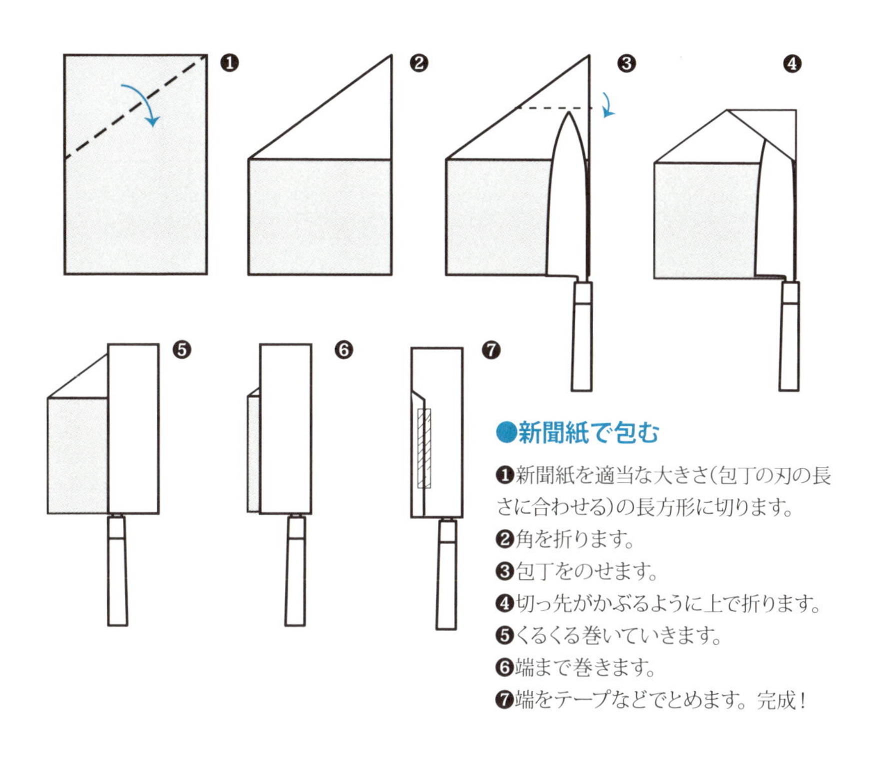

●新聞紙で包む

❶新聞紙を適当な大きさ(包丁の刃の長さに合わせる)の長方形に切ります。
❷角を折ります。
❸包丁をのせます。
❹切っ先がかぶるように上で折ります。
❺くるくる巻いていきます。
❻端まで巻きます。
❼端をテープなどでとめます。完成!

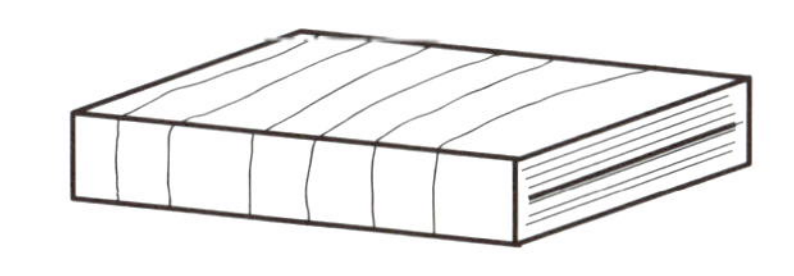

●雑誌に差し込む

周りをガムテープなどで、ぐるぐる巻きにします。
間に包丁を差し込みます。

現場でよく見かける包丁

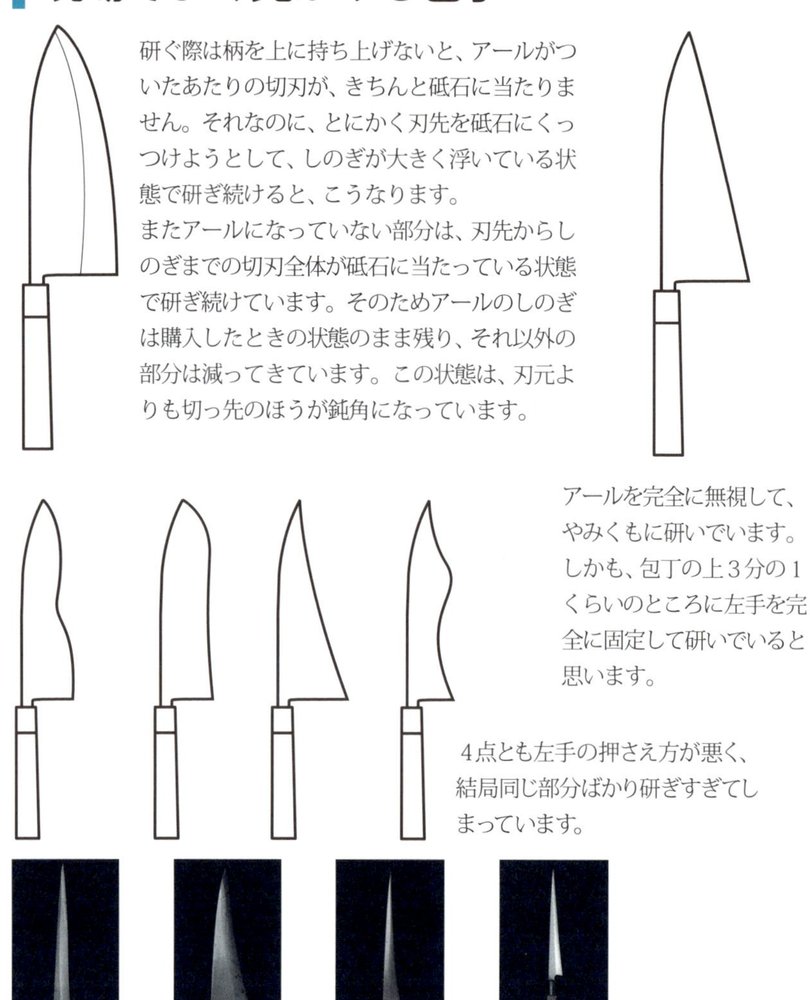

研ぐ際は柄を上に持ち上げないと、アールがついたあたりの切刃が、きちんと砥石に当たりません。それなのに、とにかく刃先を砥石にくっつけようとして、しのぎが大きく浮いている状態で研ぎ続けると、こうなります。
またアールになっていない部分は、刃先からしのぎまでの切刃全体が砥石に当たっている状態で研ぎ続けています。そのためアールのしのぎは購入したときの状態のまま残り、それ以外の部分は減ってきています。この状態は、刃元よりも切っ先のほうが鈍角になっています。

アールを完全に無視して、やみくもに研いでいます。しかも、包丁の上３分の１くらいのところに左手を完全に固定して研いでいると思います。

４点とも左手の押さえ方が悪く、結局同じ部分ばかり研ぎすぎてしまっています。

変形した包丁。刃線がおかしいもの、切っ先よりも刃元のほうが切刃の幅が広いもの、しのぎのラインが波うっているもの、手のひらを包丁に当てて研ぐために包丁が反対にカーブしているものなど。
包丁は研いでいくうちに、少しずつ変形してくるので、使っている人はそれに慣れてしまいますが、包丁が本来もつ機能を十分使いきっているとはいえません。

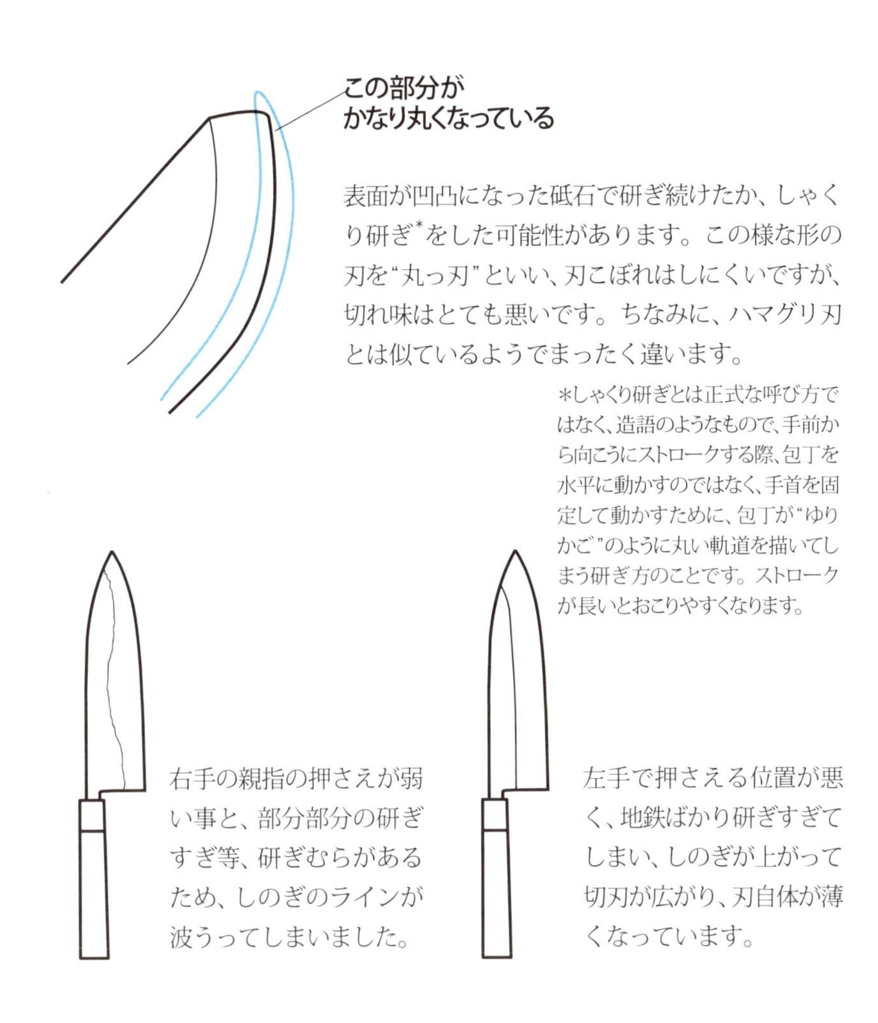

表面が凹凸になった砥石で研ぎ続けたか、しゃくり研ぎ*をした可能性があります。この様な形の刃を“丸っ刃”といい、刃こぼれはしにくいですが、切れ味はとても悪いです。ちなみに、ハマグリ刃とは似ているようでまったく違います。

*しゃくり研ぎとは正式な呼び方ではなく、造語のようなもので、手前から向こうにストロークする際、包丁を水平に動かすのではなく、手首を固定して動かすために、包丁が“ゆりかご”のように丸い軌道を描いてしまう研ぎ方のことです。ストロークが長いとおこりやすくなります。

右手の親指の押さえが弱い事と、部分部分の研ぎすぎ等、研ぎむらがあるため、しのぎのラインが波うってしまいました。

左手で押さえる位置が悪く、地鉄ばかり研ぎすぎてしまい、しのぎが上がって切刃が広がり、刃自体が薄くなっています。

中砥など目の粗い砥石で裏押しをしていると思います。
裏スキがほとんどなくなってしまいました。
包丁の寿命をむだに縮めています。

私が使っている包丁

　私が普段使っている包丁を紹介します。そして、それぞれの包丁の使い道、刃のつくり方も紹介します。

●8寸　相出刃　青２鋼

メインに使う包丁です。おもに魚のおろしに使用。
ハマグリ刃に小刃合わせ。

●8寸　相出刃　白２鋼

メインの包丁の予備。いつでもキンキンに切れる状態で待機しているため、抜群の切れ味を求めるときに使用。
ゆるやかなハマグリ刃に小刃合わせ。

●9寸　身卸し出刃　白２鋼

おもに切り身に使用。
ハマグリ刃に小刃合わせ。

●9寸　本出刃　青２鋼

骨付きのタイの切り身やブリなどの水洗い、頭の梨割りなど包丁を荒く使うときに使用。
アールは強めのハマグリ刃、それ以外は2段刃、刃元は3段刃、そして全体に小刃合わせ。

●8寸　柳　青２鋼

サンマ、サヨリ、アジ、サバ、ヒラメ、サワラなどのおろしに使用。

ハマグリ刃に小刃合わせ。

●尺　柳　青２鋼　白２鋼　本焼青２鋼

造り、皮引きに使用。

ハマグリ刃に小刃合わせ。

●尺二　柳　白２鋼

身が柔らかい大型の魚の切り身に使用。またサーモンの腹骨をすくときや、20kgのカンパチなど大型魚の皮引きに使用。

ハマグリ刃に小刃合わせ。

●尺二　柳　青２鋼

ブリやサワラなど、切り口が繊細な大型の魚の骨付きの切り身に使用。

ハマグリ刃に小刃合わせ。裏刃は立てて３段刃。

●二尺　鮪包丁　青２鋼

マグロの胴切りに使用。

ベタに近いハマグリ刃。

○尺五　マグロ包丁　白２鋼　２本

２本とも刃元のみねが４mmになるように薄く修理。

１本は生マグロ用。

ハマグリ刃に小刃合わせ。

もう１本は冷凍マグロ用。

ベタ研ぎに小刃合わせ。裏刃は立てて３段刃。

○尺　骨切り包丁　青２鋼

ハモの骨切りに使用。まだまだ未熟者ゆえ、皮を切ってしまうおそれがあるので、あまり刃をつけずに使用。ハモをおろすときは、使い古して小さくなった青２鋼の相出刃包丁を使用。

○尺　てっさ包丁　青２鋼

てっさ（フグ刺し）に使用。

ベタに近いハマグリ刃。

私は魚屋の人間です。いま働いている店は販売数量が半端でなく多く、通常の魚屋の数倍は魚を加工しています。

もちろん作業中に包丁を研ぎ直す時間はなく、切れ味が鈍ったまま魚を加工するとストレスがたまりますので、いかに切れ味を保ち、いかにすばやく刃をつけるか、それがとても大切になってきます。

それにしても、たかが魚屋なのにたくさん包丁を持っているなあ。３本ほどで十分では？　という意見もあると思います。実際、同じ現場の人にいわれる事があります（苦笑）。もちろん、私も最初からこんなにたくさんそろえていたわけではなく、気がついたら増えていた、という感じです。

包丁を数多く持っていると、それぞれの包丁の出番が少なくなり、そういった意味でも切れ味が長持ちします。また魚や切り身に合った包丁を使うと、むだに刃こぼれせず、切り口も無理なくきれいに仕上がると考えています。

私が使っている砥石

いままでかなり多くの種類の砥石を使ってきましたが、いま現在、私がいきついた砥石です（中砥までは硬い砥石ばかりで、ハ

●私が使っている砥石

・ツボ万　アトマエコノミー　荒目
・ツボ万　アトマエコノミー　中目
・今西製砥　あらと君　#220
・シャプトン　刃の黒幕　#1000
・宮越製砥　葵　#1200
・シャプトン　刃の黒幕　#2000
・大谷砥石　嵐山　#6000
・天然砥石　青砥の少し軟口、備水砥、丸尾山の白巣板・敷内曇、日照山の合さ、中山の戸前

マグリ刃をつくるにはあまり向いていませんが)。この砥石を使っている理由を説明します。

○ツボ万　アトマエコノミー　荒目、中目

まず荒砥石に求めるものは、強い研磨力と、平面の維持性の高さです。くぼんだ荒砥石で刃をつくると、当然きれいな刃ができませんし、その後の中砥や仕上砥の研ぎにまでも影響を及ぼします。ですから砥石の基礎となる荒砥は、常に平面を維持していなければなりません。

しかし一般的な荒砥は、研磨力はあるものの、平面の維持性が低いものが多いのが現実です。そこで私は、ダイヤモンド砥石に目をつけました。

ダイヤモンド砥石にもいろいろと製法があり、異なるクセがありますが、私は平面がくずれる事がなく、研磨力が優れていて、包丁につける傷が比較的に浅い、電着の荒砥のアトマエコノミーを選んでいます。しかし、実際はあまり出番がありません。もっぱら天然砥石の面直しに使います。

○今西製砥　あらと君　＃220

研磨力があり、砥面もかなりくずれにくいです。面直しをするときは、シャプトンの“なおる”に、金鋼砂をふりかけています。

◎シャプトン　刃の黒幕　＃1000、＃2000

シャプトンの刃の黒幕＃1000は、研磨力などすべてにおいて気に入っています。シャプトンの刃の黒幕＃2000は、包丁にできる傷が極めて浅く、研磨力もあり、砥面のくずれがあまりないところが気に入っています。ちなみに、この＃2000で十分切れる刃をつける事ができます。

◎宮越製砥　葵　＃1200

研磨力が高く、鋭い刃がつきます。この砥石から研ぎ始める事も多いです。

◎大谷砥石　嵐山　＃6000

細かい刃がつきます。天然砥石を使い始めるまでは、よく使っていました。

◎天然砥石

細かい番手は天然砥石を使用しています。やはり、行き着くところは天然砥石です。しかし、まだまだ勉強中なので、他にもいろいろと使ってみたいものです。

裏押し用にも天然砥石を使っています。ストロークの回数が少ない裏押しでも、人造の仕上砥石を使っていると、砥面のくずれがどうしても発生してしまいます。しかし、天然砥石ならば、それがほとんどないので安心して使えます。

○面直しのやり方

次に私の面直しのやり方を紹介します。“あらと君”のような硬口の砥石の面直しには、シャプトンの“なおる”という修正器を使っています。

普通の中砥くらいや、大きく砥面が窪んだ砥石の面直しには、PAの＃80、＃120、＃220のビトリファイド法による宮越製砥の特注品を使っています。＃80くらいになるとあっという間に砥石を修正してくれます。しかしかなり砥面が荒れてしまいますので、＃120や＃220で砥面のキメを細かくしていきます。最終的にその砥石と同等の番手の砥石で砥面を整えます。

天然砥石の巣板や合砥には、アトマエコノミーを使っています。

ところで、仕事中には包丁を研ぐという事はしません。包丁が金臭くなったり、指が汚れるからです。天然砥石で研ぐと、あまり汚れませんが、人造砥石を使うと指が黒くなります。“指が汚れない砥石”が開発されることを願っています。

ここまでお話してきた私の所持する包丁、砥石、そしてその使い方は、いま現在の私の考え方でありまして、今後使う砥石などが変わる可能性は大いにあります。

もっともこの考え方は私の個人的なものであって、これが絶対だとか、正しいとかは決して思っておりません。この分野は十人十色でありまして、このやり方はおかしいとか、もっといい方法があると思われる方もいると思います。

しかし、まったく研ぎにおいて初心者で、右に行けばいいのか、それとも左に行けばいいのか、それすらもわからない方に参考にしてもらえたらと思い、自分自身の経験と考え方をお話させていただきました。

最後に

私が包丁の研ぎ方を勉強しようと思ったころ、まだ研ぎに関する書物がほとんどなく、人に聞いても皆違う事をいうばかり。

なにが正しいのか、それが知りたくて研ぎを本職にしておられる方々や、専門に砥石を扱っておられる方々に直接教えてもらいました。

しかし、研ぎの事がなんとなくわかるようになるまでには大変な時間がかかり、労力やお金も使いました。これから研ぎを勉強しようと思われる方に、私が経験した遠回りの道を少しでも近道にできたらと思い、今回この本を出版させていただきました。

こうして出版にたどりつくまでに、数多くの方々に数多くのことを教えていただきました。研ぎはおもに堺の森本刃物製作所の森本光一氏に学びました。また一竿子忠綱本舗の永田幸彦氏（故人）、堺一文字光秀の丸町康夫氏、高知県の迫田打刃物製作所の迫田剛氏の指導を受けました。

砥石については田中道明氏（故人）、宮越製砥の宮越清行氏、砥取家の土橋要造氏などにご教示いただきました。

いままで長年ご指導くださったみなさまに、心からお礼を申し上げます。

そして本書が、少しでもみなさんのお役に立てたら、私はとてもとてもうれしく思います。

2015年１月　　加島健一

刃付けの工程。奥から鍛冶屋より届いた刃付け前の包丁、中が一番取り、手前が二番取り。百円で包丁が買える時代ですが、“本物”は大切にしたいものです。

多種類の砥石を多数そろえ、その包丁に合った砥石を使用（森本刃物製作所）。みなさんもいろいろな砥石を試してみてください。

●著者紹介

加島健一（かしま・けんいち）

1972 年大阪に生まれる。
京都・佛教大学を中退後、東京の代官山、渋谷、青山のフランス料理店で料理修業を積む。その後料理のレパートリーを広げるために和食店で修業。そしてより深く魚についての知識と技術を身につけるために、水産会社に転向する。魚力（東証 1 部上場）や魚喜（東証 2 部上場）、そして阪神髭定（全国の百貨店の鮮魚売場で有数の売上げを誇る人気店）などを経て、2017 年、奈良県中央卸売市場の水産仲卸である七海水産株式会社に入社。現在は当社直営の鮮魚店「旬海」に勤務する。同社の安くておいしい魚をスピーディーに地元消費者の食卓へ届けるという基本理念のもと、日々の仕事に万全の状態で臨むために、包丁を研ぎ、技術を磨いている。

包丁入門　研ぎと砥石の基本がわかる

初版発行● 2015年 1月31日
5版発行● 2022年10月10日

著者© ●加島健一（かしま・けんいち）

発行者●丸山兼一

発行所●株式会社柴田書店
〒113-8477　東京都文京区湯島3-26-9 イヤサカビル
電話●営業部 03-5816-8282（注文・問合せ）
　　書籍編集部 03-5816-8260
https://www.shibatashoten.co.jp

印刷・製本●シナノ書籍印刷株式会社

ISBN978-4-388-06203-4
Printed in Japan